왜 우리는 수학을 공부해야 하는가

왜 우리는 수학을 공부해야 하는가

수학의 힘

1판 1쇄 발행 2016년 8월 11일
1판 2쇄 발행 2017년 2월 20일

지은이 장우석
펴낸이 김남중
디자인 이미정

펴낸곳 한권의책
출판등록 2011년 11월 2일 제406-251002011000317호.
주소 경기도 파주시 노을빛로 109-26, 202호
전화 (031)945-0762   팩스 (031)946-0762
전자우편 knamjung@hanmail.net
종이 지선사   인쇄 · 제본 현문인쇄

ISBN 979-11-85237-28-2 03410

「이 도서의 국립중앙도서관 출판예정도서목록(CIP)은 서지정보유통지원시스템
홈페이지(http://seoji.nl.go.kr)와 국가자료공동목록시스템(http://www.nl.go.kr/kolisnet)에서
이용하실 수 있습니다.(CIP제어번호: 2016017962)」

수학의 힘

왜 우리는 수학을 공부해야 하는가

| 장우석 지음 |

한권의책

|우리에게 수학 시간이 괴로운 이유

누구에게나 마찬가지겠지만 필자에게도 수학은 어려운 과목이었다. 고등학생 때는 극기 훈련을 하는 느낌으로 수학을 공부했던 것 같다. 독자들 중에는 그래도 수학을 열심히 공부했고 또 나름 좋은 성적을 거두어 대학에 무사히 진학한 사람들도 있을 것이다. 하지만 학창 시절에 공부한 수학이 살아가면서 자신에게 어떤 도움을 주었느냐는 질문을 받으면 어떤 대답을 할 수 있을까?

'졸업하고 나면 수학은 별 쓸모없어.'

'돈 계산만 정확하게 할 줄 알면 되지, 뭐.'

수학 성적이 좋았던 사람들조차도 이렇게 생각하는 경우가 많다. 수학 교사들이나 교수들 또는 수학 전문가들은 이런 말을 접하면 흥분하며 반론을 펼친다. 그들의 이야기는 주로 수학은 논리적 사고력을 증진시킨다든지 현대 문명이 모두 수학을 바탕으로 이루어졌다든지 하는 내용이다. 옳은 이야기다. 하지만 창백한 이야기다.

현대 문명이 수학으로 이루어졌다는 말엔 충분히 공감할 수 있다. 하지만 스마트폰을 사용하면서 그 원리를 모두 알 필요가 있을까? 노트북컴퓨터의 운영 원리를 모르는 사람은 한글 문서를 작성할 수 없나? 그건 아닐 것이다. 우리가 살고 있는 문명을 이해하는 것은 중요하다. 하지만 우리가 수학을 통해 습득할 수 있는 것은 근본 원리와 사고방식이지 개별적 지식이 아니다. 개별적 지식과 세분화된 운영 원리 등은 그 분야의 전공자들만 알아도 충분하다.

수학이 논리적 사고력을 증진시킨다는 이야기도 백번 옳다. 하지만 논리적 사고의 내용이 구체적으로 무엇인지가 중요하다. 학창 시절 수학 시간에 문제를 해결하는 과정에서 어떤 방식으로 단서를 찾고 생각을 연결해 나가야 하는지 체계적으로 배운 사람은 많지 않을 것이다. 논리적 사고력은 문제를 해결하면서 자동적으로 성장하는 것이 아니다. 그것은 의식적으로 훈련해야 할 그 무엇이다.

제대로 된 교육적 설계가 부재한 상태에서 그 많은 어려운 문제들을 해결하려니 학생들은 문제유형과 풀이법을 암기할 수밖에 없고 결국 수학 공부는 극기 훈련이 되고 만다. 필자는 이러한 '사고력 교육의 부족'과 '지식 교육의 과잉'의 결합이 바로 우리의 학창 시절 수학 시간을 괴롭게 하는 핵심 요인이라고 생각한다.

이렇게 생각해보면 수학이 힘들고 어려운 이유, 수학은 돈 계산만으로 충분하다는 비난 어린 반발심을 내뱉게 만든 것은 그간의 잘못된 교육의 책임이 크다. 책상 앞에 앉아 어려운 문제를 풀어야 했던, 그래서 극기 훈련의 성공적 수행을 강요당했던 학생 때문이 결코 아니다.

최근 우리나라 수학계에서도 이런 문제점들을 인식하고 대안을 만들어내고 있다. 실제로 초·중·고 학생들은 과거에 비해 진일보한 수업들을 경험하고 있다. 만족할 만한 수준은 아니지만 그래도 상당히 발전한 것으로 볼 수 있다.

하지만 사회의 주도권은 어디까지나 어른의 몫이다. 어른은 아이의 본보기이며 아이는 어른의 거울이다. 어른들이 보다 합리적이고 보편적인 사고를 할 줄 아는 사회라야 아이들도 그렇게 자랄 수 있을 것이다. 수학 학습의 의미를 대학 진학에 두는 사회에서 아이들이 의미 있는 공부를 하리라는 기대는 접어야 한다.

모든 공부가 마찬가지겠지만 수학 학습 과정 또한 새로운 깨달음의 시간, 스스로의 사고력이 풍요롭게 성장하고 체화되는 행복

한 경험의 시간이어야 한다. 논리는 결코 감성의 반대편에 있는 것이 아니다. 문제의 합리적 해결은 엄밀한 논리와 섬세한 감성의 끊임없는 발흥, 그 어긋남과 일치의 양 날개를 통해 길러지는 것이다.

우리나라에는 학창 시절에 제대로 된 수학 학습의 경험을 통해 습득했어야 마땅한 능력을 갖추지 못한 어른들이 꽤 많다. 매우 안타까운 일이다. 필자는 어른들의 수학적 사고 능력은 그 사회의 건강성과 밀접하게 관련되어 있다고 생각한다. 이 책은 수학 학습이 주는 의미와 즐거움을 학창시절에 맛보지 못한 어른들을 위한 것이다.

또한, 어렵기만 하고 어디에 쓰는지도 잘 모르는 수학을 도대체 왜 공부해야 하는지 그 이유가 궁금한, 너무나 정상적인 호기심을 가진 학생들을 위한 것이기도 하다.

│수학은 계산이 아니다

간단한 문제를 하나 해결해보자.

A가게: 물건 정가의 15%를 먼저 할인해준 다음, 10%의 세금을 매긴다.
B가게: 물건 정가의 10%를 세금으로 먼저 매긴 다음, 15%를 할인해준다.

어느 가게에서 물건을 사는 게 좋을까?

1,000원짜리 물건을 산다고 가정하자. A가게 방식으로 계산하면 우선 정가 1,000원에 15%를 할인한 가격은 $1,000 - 1,000 \times \frac{15}{100}$ =850원이며 여기에 다시 10%의 세금이 붙으니 물건의 최종 가격은 $850 + 850 \times \frac{10}{100}$ =935원이다.

이제 B가게 방식으로 계산해보면 우선 정가 1,000원에 10%의 세금이 붙은 가격은 $1,000 + 1,000 \times \frac{10}{100}$ =1,100원이며 여기에 다시 15%를 할인해야 하니 물건의 최종 가격은 $1,100 - 1,100 \times \frac{15}{100}$ =935원이다. 놀랍게도 가격이 동일하다.

우리는 이 결론을 도출하는 데 할인과 세금의 의미에 따라서 더하기, 곱하기, 빼기, 나누기 연산을 적절하게 적용했다.

계산 능력 확보는 수학 학습의 핵심 목적 중 하나다. 그것은 틀리지 않고 계산을 수행하는 능력이 아니라 문제 상황을 이해하고 '적절한 식을 구성할 수 있는 능력'이다.

다음 그림은 어떤 사실을 말해주고 있다. 그림을 보고 답을 구해보자.

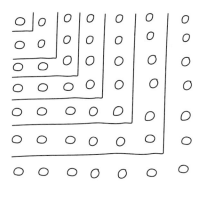

$$1+3+5+7+9+11+13=?$$

그림이 가진 의미를 파악했다면 $1+3+5+7+9+11+13$의 값이 $7 \times 7 = 49$임을 쉽게 알 수 있을 것이다.

$1+3+5+7+9+11+13$을 그냥 계산하려면 별 다른 방법이 없다. 순서대로 더해야 하고 따라서 시간이 꽤 걸린다. 하지만 도형과 결부시키면 한 번에 그 의미가 보인다. 도형이 문제의 전체 구조를 직관적으로 보여주기 때문이다.

계산 문제의 해결에서 상황의 의미를 정확히 파악해서 식을 구성하는 능력이 중요했다면 도형과 관련된 문제의 해결에서는 전체적인 상황을 보는 능력이 보다 강조된다. 수학은 계산하는(calculating) 학문이 아니라 헤아리는(thinking) 학문이다. 헤아림이란 문제의 본질을 읽어내는 것이다.

학창 시절에 배운 수학 지식이 졸업 후 그대로 사용되는 경우는 별로 없다. 이 점이 우리가 수학 공부를 열심히 하지 않은 것을 정당화하는 배경이기도 하다. 하지만 생각해보자. 학교 졸업 후 음악 지식은 얼마나 사용될까? 역사 지식은? 영어는? 지리는?

과목별로 차이는 있겠지만 필자의 생각으로 지식의 '내용면'에서 생각할 때, 학창 시절에 학습한 내용 중 일상에서 사용되는 지식은 그리 많지 않은 것 같다. 그럼 우리는 왜 이렇게 복잡다단한 지식을 긴 시간 배운 걸까?

음악 수업을 12년 받은 이유가 음악 지식을 습득하기 위해서였을까? 음악을 이해하고 즐길 수 있는 소양을 기르기 위해서 아니었을까? 역사를 공부한 이유도 개개의 역사 지식을 습득하기 위해서라기보다는 역사의식과 그에 상응하는 판단력을 갖기 위해서였을 것이다. 그렇다면 수학을 공부한 이유도 마찬가지로 수학적으로 생각하고 문제를 이해, 해결할 수 있는 능력을 갖추기 위해서가 아닐 수 없다.

얼마 전, 계모가 아이를 학대한 사건이 국민적 공분을 산 적이 있다. 이 사건으로 계모에 대한 사회적 편견이 생길 것을 우려한 어느 신문 기자가 실제로는 계부모에 의한 학대보다 친부모에 의한 사례가 더 많다는 기사를 비율까지 제시하며 쓴 일이 있었다.

기사의 내용에 설득되어 고개를 끄덕인 사람은 아마 많지 않을 것이다. 어떤 부모의 자녀 학대가 있었다면 그 부모가 친부모일 확률이 계부모일 확률보다 당연히 크다. 친부모가 계부모보다 훨씬 많기 때문이다. 제대로 된 기사였다면 친부모와 계모부의 비율도 같이 제시했어야 한다.

희귀한 질병을 95%의 정확도로 검진해내는 기계가 있다고 하자. 어떤 사람이 이 기계에 양성 반응(해당 질병에 걸렸다는 메시지)이 나왔을 때 그가 실제로 이 질병에 걸렸을 가능성은 얼마나 되겠는가? 이 경우에 우리는 95%의 정확도라는 말에 현혹되기가 매우 쉽다. 하지만 실제로 양성 반응이 나온 사람이 해당 희귀병에 걸렸을 확률은 얼마 되지 않는다. 애초에 희귀병 자체의 발생 비율이 매우 낮기 때문이다. 이 문제는 친부모 계부모 문제와 동일한 구조를 가지고 있다.

이런 문제들은 현재 고등학교에서 '조건부 확률'이라는 개념으로 학습하는 내용이다. 이 글을 읽고 있는 독자가 이 용어를 잊어버렸다고 해도 상관없다. 필자가 제시한 방식대로 차분히 사고하고 판단할 수 있다면 그것으로 충분하다.

20세기 미국의 교육심리학자 브루너J. Bruner는 수학 학습의 목표가 지식 획득이 아니라 지식을 만들어내는 구조의 내면화라고 말한 바 있다. 구조는 곧 본질이며 논리가 작동하는 길이다. 중요한 것은 구체적인 문제 상황에서 본질(구조)을 파악하고 지식을 구성해낼 수 있는 능력이지 지식 그 자체가 아니다.

수학의 본질은 합리적 문제해결에 있다

　우리의 삶은 사소하거나 중요한 문제들과 만나고 고민하면서 진행된다. 나이가 들고 삶의 경험이 넓어지면서 만나는 문제도 그만큼 다양해진다. 개인이든 사회든 마찬가지다. 문제를 만나고 이를 올바르게 해결하려고 노력하면서 논리가 발전하고 생각이 구조화, 체계화된다. 인간의 정신, 그 사회의 문화가 성장하는 것이다. 그래서 철학자 포퍼K. Popper는 인생을 문제와의 끊임없는 만남이라고 선언하기도 했다.

　물론 수학이 모든 문제를 해결해주진 못한다. 하지만 수학적 사고로 접근해 해결할 수 있는 문제는 매우 많다. 한정된 돈으로 원하는 점심 메뉴를 택하는 일상적인 문제부터 현장의 단서를 바탕으로 살인 사건의 범인을 잡는 것, 난이도가 다른 과목의 점수들을 모두 동일한 기준으로 재점수화하는 표준점수 만들기 등에 이르기까지 수많은 개인적, 사회적 문제 상황들은 수학적 사고를 통해서만 해결 가능하다. 필자는 우리가 수학을 공부하는 이유는 살아가면서 만나는 각종 문제 상황을 합리적으로 바라보고 해결할 수 있는 능력을 기르기 위해서라고 생각한다.

수학 학습의 이유를 문제해결로 보는 것에 반대 내지는 우려하는 시각이 있을 수 있다. 너무 실용적 목적에 제한하는 것 아니냐고 말이다. 이런 시각은 주로 수학을 실용과 무관하게 본질을 추구하는 학문으로 보는 입장에서 나타난다.[1] 필자는 두 가지 측면에서 이 시각에 반대한다.

우선 실용과 본질 추구는 서로 모순되지 않는다. 삶의 구체적 상황과 결부된 문제라 할지라도 그것을 제대로 해결하기 위해서는 그 상황에 대한 본질적인 이해가 필요하기 때문이다. 예를 들어 특정한 미지수를 구하기 위해서는 주먹구구식으로 대충 수치를 짐작하기보다는 상황을 분석해서 변수를 찾고 방정식을 구성할 수 있는 능력이 있어야 한다. 계산은 그다음 문제다. 또한 문제해결에서 '문제'의 범위를 넓게 해석할 필요가 있다. 순수한 호기심에서 시작된 지적 충동도 훌륭한 문제 상황이다. 이 문제의 해결이 나에게 어떤 실용적 이득을 주지 못하더라도 순수한 지적 호기심으로 출발한 문제 또한 내 삶을 풍요롭게 만드는, 그 자체로 가치 있는 문

• • • •
1   수학자이자 철학자인 유클리드(Euclid)는 이렇게 어려운 기하학을 배워서 어디 써먹느냐고 질문한 사람에게 동전 한 푼을 줘서 내쫓았다.

제라는 말이다. 전자상거래를 가능케 한 암호학 cryptology이라는, 응용의 극단에 있는 이론도 수의 재미있는 성질에 대한 순수한 지적 호기심에서 시작된 것이다.

학창 시절에 수많은 수학 지식을 습득하고 시험 문제도 곧잘 풀었으면서 일상생활의 문제 상황에 직면해서는 상황을 구체적으로 이해하고 체계적으로 해결하려는 노력은 하지 않고 근거 없는 관습, 관례 또는 눈앞의 이익에 따라 임의로 판단하고 결정을 내린다면 그 사람은 수학을 배우지 않은 것과 마찬가지다.

물론 인간 세상이 논리로만 운영되는 것은 아니다. 종교와 예술, 윤리 등은 논리만으로는 설명할 수 없는 세계다. 철학자 칸트 I. Kant는 윤리의 세계인 실천이성을 순수이성과 분리시켜 그 위에 배치했다. 칸트에 따르면 윤리는 과학보다 상위 개념이다. 통찰력 있는 이야기다. 계산과 이론에 밝은 나쁜 놈을 생각해보라.

그럼에도 불구하고 수학은 중요하다. 논리는 그 사회가 좋아지기 위한 충분조건이 아니라 필요조건이기 때문이다. 필자는 도덕과 예술의 세계는 그 사회에서 수학적 논리가 존중되고 지켜지는 바탕에서만 의미를 지니며 제대로 작동할 수 있다고 믿는다. 개념적 사고력이 있어야 타인의 입장을 이해하고 공감할 수 있는 것처럼, 진(truth)의 바탕에서만 선(good)과 미(beauty)가 꽃필 수 있다. 위

대한 교육자 페스탈로치[J. Pestalozzi]는 운동을 통해 근육이 튼튼해지는 것처럼 수학 학습을 통해 인간 정신이 고양되고 아름다워진다고 말했다. 필자 또한 제대로 된 수학 공부가 종교나 윤리보다 인간을 더 정직하고 깊이 있게 만들어주는 측면이 있다고 생각한다.

수학은 결코 쉬운 과목이 아니다. 하지만 그만큼 힘들여서 공부할 가치가 있다.[2] 수학의 세계는 딱딱하고[堅] 엄밀하면서도[嚴] 부드럽고[柔] 융통성이 있다[融]. 고통스럽지만 이해의 순간에는 기쁨이 있다. 수학적 이성은 감성의 반대편에 있는 것이 아니라 그 연장선상에 있으며 감성이 고도로 집약되고 절제된 형태다. 우리 모두 이 매력적인 세계로 들어가보자.

• • • •

2 2016년 현 정부의 쉬운 수학 운동에 일부 공감하면서도 우려되는 바가 있다. 수포자[수학포기자]라는 자극적인 용어를 앞세운 정부의 입장은 수학이 '사교육비의 원흉'이라는 방향성에 기초하고 있다. 물론 일리 있는 생각이다. 하지만 필자는 수학 문제가 쉬워진다고 해서 사교육 시장이 획기적으로 줄어들 거라고 생각하지 않는다. 사교육 문제는 교육 문제를 넘어선, 기형적 사회구조에서 비롯된 문제이기 때문이다. 어떻게든 특정 티켓을 구해야만 남에게 무시당하지 않고 잘살 수 있다고 믿는 사회에서 티켓 구입을 조금 쉽게 할 수 있게 해준다고 경쟁이 줄어들까? 사교육의 문제와 사교육비의 문제는 구분되어야 한다. 교육을 빙자한 경제 논리에 엉뚱하게 휘말려 수학의 교육적, 사회적 가치가 훼손되지 않기를 바란다.

차
례

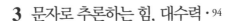

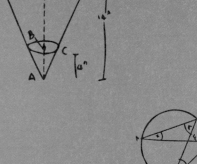

$(x^2+2xy+y^2)-(x^2-2xy+y^2)$

Part

1

—

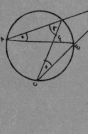

수학의 기본 요소

논리 · 도형 · 수

$x^2+2xy+y^2-x^2+2x$

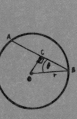
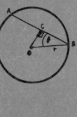

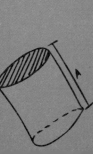

Math

수학 학습의 목적이 문제해결에 있다고 앞에서 말했다. 문제해결
은 임의로 이루어지지 않고 '논리'라는 길을 따라 이루어진다. 논리
적이지 않은 해결은 해결이라 부를 수 없다.

　논리는 문제의 시작에서 해결까지 일관되게 작용한다. 일관됨
이 바로 논리의 생명이다. 이 일관됨은 용어의 '정의'에서 시작된
다. 예를 들어 삼각형에 관한 어떠한 문제를 해결하려면 삼각형이
무엇인가에서부터 시작해야 한다. 논리는 정의를 문제의 시작에서
해결까지 일관되게 유지하는 능력이다. 이는 수학 문제뿐 아니라
모든 문제해결에 적용되는 진리다.

수학은 수를 통해 문제를 해결하는 학문이다. 수는 세는 행위 (counting)에서 시작되었다. 그리고 이러한 수가 인간의 감각(시각)을 통해 표현된 것이 도형이다. 이상의 전체 내용을 다음과 같이 간단히 정리할 수 있다.

문제해결은 논리를 통해 이루어지며, 논리는 개념의 명확한 정의에서 시작한다. 그리고 수학 개념의 명확한 정의는 수와 도형이라는 언어를 통해 이루어진다.

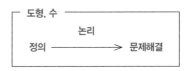

논리, 즉 생각의 전개가 정의로부터 시작됨을 이해하기 위해서 우리가 일상적으로 많이 사용하는 '자유'라는 단어를 가지고 이야기해보자. '수학 성적에서 자유로워지고 싶다'에서 자유는 구속에서의 탈피를 의미한다. 우리가 보통 자유라는 단어를 사용하는 맥락과 닿아 있다. 하지만 자유라는 단어가 이런 의미로만 사용되는 것은 아니다. '커피에서 자유로워지고 싶다'라는 문장을 한번 생각해보자. 여기서의 자유도 커피라는 구속에서의 탈피를 의미할까?

즉 커피가 수학 성적처럼 나를 압박하는가? 압박이라는 표현을 동일하게 사용한다고 해도 그 의미는 분명히 다르다. 그렇다면 여기서의 자유란 어떤 의미일까?

어떤 개념을 정확히 이해하는 좋은 방법은 그 반대말을 생각해보는 것이다. '수학 성적에서의 자유'의 반대는 '수학 성적으로의 구속'일 것이다. '커피에서의 자유'의 반대는 '커피의 탐닉'일 것이다. 그렇다면 두 번째 맥락에서 자유는 커피를 안 마실 수 있는 능력을 의미한다고 볼 수 있다. 요컨대 자유란 '능력의 확보'라는 의미도 가지고 있는 것[1]이다.

만약 자유라는 개념을 사용하며 토론하고 있는 두 사람이 각각 자유에 대한 별개의 정의를 가지고 있다면 시작부터 계속 싸우며 한 발자국도 나아갈 수 없을 것이다. 그런 토론은 무의미하다. 〈백분토론〉 같은 티브이의 토론 프로그램을 보면 이런 경우가 너무나 많다. 자유, 민주주의, 인권, 평등 등 사회를 지탱해주는 큰 개념에서부터 이익과 손해, 시작과 끝 등의 일상적 용어에 이르기까지 개념의 혼란과 뒤섞임은 삶의 혼란으로 이어진다. '나와 토론하고 싶으면 먼저 당신의 용어를 정의하시오'라고 한 18세기 프랑스의 철학자 볼테르Voltaire의 말은 핵심을 찌르고 있다.

• • • •
1   자유를 능력으로 보는 관점은 《생각한다는 것》(고병권, 너머학교, 2010)의 94~95쪽을 참고했다.

추상성이 높은 개념일수록 많은 것을 담을 수 있다. 많은 것을 담을 수 있다는 것은 그만큼 다양한 측면으로 해석이 가능하다는 의미다. 따라서 추상성이 높은 개념을 사용할 때는 그 의미를 명확히 할 필요가 있다. 자유라는 단어를 예로 들어 살펴봤지만 사실 그러한 명확화는 쉽지 않다.[2] 하지만 수학에서는 사정이 조금 다르다. 수학이라는 세계의 기초 언어가 수와 도형이기 때문이다.

예를 들어 5(수)와 삼각형(도형)은 다섯과 세 선분으로 둘러싸인 그림이라는 객관적 의미 이외의 다른 해석을 불허한다. 수와 도형이라는 수학의 기초 언어는 추상적이면서도 명확하고 투명한 언어다. 그래서 수학이 국가와 인종을 초월한 보편 학문일 수 있는 것이다. 고대 이집트에서도 중국에서도 인도에서도 상호 교류가 없던 사람들이 각기 문명을 건설하고 사회적 삶을 유지하는 과정에서 수와 도형이라는 동일한 언어를 사용했다.

2는 둘, 3은 셋, 4는 넷이라는 단순한 정의에서 $2\times(3+4)=(2\times3)+(2\times4)$라는 새로운 결론이 도출된다. 또, 세 직선으로 둘러싸인 도형이라는 삼각형의 정의에서 세 내각의 합이 항상 두 직각의 합과 같다는 결론을 얻어낼 수 있다.

• • • •

2 '추상화 혹은 개념화는 인간이 사물을 선택적으로 기억함에 따른 기억의 편집 또는 왜곡이다(《에디톨로지》, 김정운, 21세기북스, 2014, 329쪽)'. 동일한 추상 개념이 가진 다의성을 잘 설명할 수 있는 시각이다.

수와 도형이라는 언어는 의미 해석의 자의성과 주관성을 배제하기 때문에 기본 정의에서 논리의 흐름을 타고 누구나 설득할 수 있는 합리적인 결론, 필연적이면서도 생산적인 결론을 이끌어내는 훈련을 하기에 좋다.

앞서 수학을 공부하는 이유가 문제해결에 있다고 말했다. 우리는 수와 도형이라는 보편 언어를 통해 문제를 해결하고 그 과정에서 얻은 결과를 추상적으로 조직함(개념화)으로써 보다 일반적인 지식을 만들어내며 그 지식을 다시 새로운 문제에 응용할 수 있다. 그리고 이 과정에서 사물을 넓고 깊게 볼 수 있는 능력, 직접 경험하지 않은 대상까지 사유하고 이해할 수 있는 능력이 생겨난다. 이것이 수학 공부가 가진 가치다.

생각의 흐름을 일관되게 끌고 갈 수 있는 **논리력**의 바탕에서 도형을 다룰 수 있는 기하력 그리고 수를 다룰 수 있는 **대수력**이라는 기본 힘을 구축하는 것이 초·중·고 12년 동안 배운 수학의 핵심이다. 기하학, 대수학, 함수, 미적분, 확률, 통계, 벡터 등 고등 수학의 모든 것도 이 세 가지에서 나온다. 세 가지 힘(논리력, 기하력, 대수력)의 기본적인 내용만 이해하더라도 수학의 핵심을 장악한 것이다.

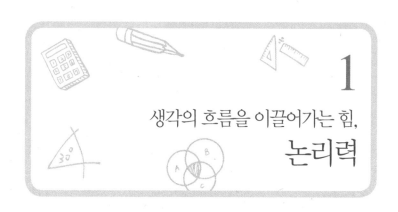

1

생각의 흐름을 이끌어가는 힘,
논리력

논리는 수학 문제뿐 아니라 모든 문제의 합리적 해결에 필수적인 조건이다. 논리적으로 사고할 수 있는 능력을 줄여서 논리력으로 부르기로 한다. 논리력이란 추론을 할 수 있는 능력을 말한다. 그럼 추론이란 무엇일까? 다음의 두 가지 상황을 보자.

상황1 사건 당일 밤, 피해자 집의 개가 짖지 않았다. 따라서 범인은 피해자와
         아는 사이다.
상황2 두 물체의 무게가 서로 같다면 각각의 무게에 같은 양만큼 더해도 결과

는 같다.

상황1의 경우는 결론이 확실(필연적)하지는 않지만 그럴듯하며 (개연성이 크며) 상황2의 경우는 결론이 확실하다는 차이가 있다. 하지만 모두 어떠한 사실들로부터 새로운 결론을 이끌어냈다는 공통점이 있다. 이와 같이 확인된 사실로부터 새로운 사실을 이끌어내는 것을 추론(reasoning)이라고 한다.

추론에는 결론이 필연적이지는 않지만 그럴듯한 개연추론(plausible reasoning: 약한 일관성)과 결론의 필연성이 보장되는 연역추론(deductive reasoning: 강한 일관성)의 두 가지가 있다.

논리 = 추론	
개연추론	연역추론

개연추론에서는 순수 논리 이외에 직관이나 상상력 또는 주관적인 경험 등이 일부 가미되기 때문에 그만큼 결론의 필연성이 줄어든다. 어떤 결론을 내리기엔 정보가 부족하거나 문제가 난해해서 다양한 시도가 필요한 초기 상황에서 개연추론이 주로 사용된다.

연역추론은 전제에서 결론으로 가는 과정에서 조금의 비약이나 억지도 끼어들지 않는다. 우리가 추론을 말할 때, 두 가지를 모두 말하는 것이지만 연역추론이 확실한 정답으로 가는, 추론의 전형인 만큼 우선 연역추론을 살펴보자.

|1|
연역추론

인간의 사고를 분석의 대상으로 삼아 탐구함으로써 논리학이라는 학문 체계를 세운 사람은 아리스토텔레스^{Aristoteles}이다. 그는 추론이 어떤 방식으로 전개되어야 올바른지를 과학적으로 분석한 최초의 사람이며 그 과정에서 연역이라는 개념을 정립하였다. 아리스토텔레스에 의하여 확립된 '전제에서 결론으로 가는 필연적 사고의 루트'라는 연역의 틀은 수학자 유클리드에 의하여 수학 지식 전체의 내부 설계도 제작《원론(*Elements*)》이라는 업적으로 이어졌으며, 과학자 뉴턴^{I. Newton}에 의하여 동역학 체계의 정립《자연철학의 수학적 원리(*Principia*)》으로 이어졌다. 또한 철학자 스피노자^{B. Spinoza}가 윤리학의 이론적 체계화《기하학적으로 증명된 윤리학(*Ethica*)》를 이루게 했다. 이런 모든 업적들은 연역이 가진 힘의 크기를 보여준다.

전제(조건)에서 결론의 필연성이 보장되는 연역추론의 방법으로 '삼단논법'과 '정의하기'가 있다. 우선 연역의 세계로 가는 첫 관문인 삼단논법(syllogism)부터 이해해보자.

삼단논법

상황1 여자는 인간이고 인간은 동물이다. 따라서 여자는 동물이다.

상황2 정사각형은 직사각형이고 직사각형은 평행사변형이다. 따라서 정사각형은 평행사변형이다.

삼단논법은 A가 B이고 B가 C라는 전제에서 A는 C라는 결론을 끌어내는 추론이다.

상황1에서 중요한 포인트는 '여자는 인간이다'라는 조건이 '여자=인간'이라는 의미가 아니라는 것이다. 인간 중에는 남자도 있기 때문이다. 마찬가지로 '인간은 동물이다'라는 조건 또한 '인간=동물'이라는 의미가 아니다. 'X는 Y이다'라는 명제는 '모든 X는 항상 Y'라는 의미이며 '집합 X의 모든 원소가 집합 Y의 원소에 포함된다($X \subseteq Y$)'는 의미다. 포함관계를 다음과 같이 나타낼 수 있다.

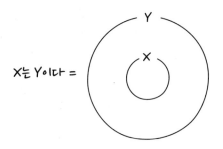

X는 Y이다 =

따라서 'A가 B이고 B가 C이다'라는 전제를 그림으로 나타내면 그 속에 이미 결론인 'A는 C이다'가 들어 있음이 시각화되어 잘 드러난다.

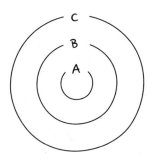

이와 같이 삼단논법의 핵심은 포함관계를 혼동하면 안 된다는 데 있다. 다음을 보자.

상황1 미인은 잠이 많다. 나는 잠이 많다. 따라서 나는 미인이다.

상황2 범인은 알리바이가 없다. 철수는 알리바이가 없다. 따라서 철수가 범인이다.

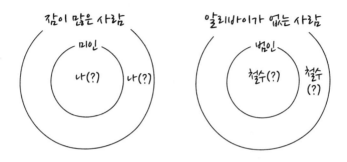

상황1은 잠꾸러기 여학생들에게 위로가 되겠지만 전제에서 내가 미인이라는 결론이 필연적으로 도출되지는 않는다. 두 번째 명제 또한 엉뚱한 사람을 잡을 수 있는 위험한 결론이다. 두 명제는 같은 구조를 가지고 있다. 이는 삼단논법이 아닐뿐더러 추론이라고 말할 수 없는 가당치 않은 결론이다. 그런데 놀라운 사실은 우리가 일상에서 이런 결론을 내리는 경우가 생각보다 많다는 것이다. 그동안 유사한 결론을 내리며 옳다고 확신한 적은 없는지 한번 생각해보자.

삼단논법은 대전제(A는 B)와 소전제(B는 C)라는 두 가지 전제로부터 결론(A는 C)을 이끌어내는 기초적인 연역이며, 중간 지점(B)

을 매개로 시작(A)과 끝(C)을 연결하는 기술이다. 하지만 살펴본 대로 삼단논법은 포함관계에 얽매여 있기 때문에 연역의 방향성이 고정되는 한계를 가지고 있다('A는 B'가 'B는 A'임을 함의하지 않는다). 이제 살펴볼 정의하기(definition)는 이러한 삼단논법의 대전제와 소전제를 'A는 B'라는 하나의 전제로 단순화하고 그 의미를 'A=B'로 명확히 함으로써(즉 'A는 B'가 곧 'B는 A'임을 함의한다) 방향성을 보다 자유롭게 만들고 그럼으로써 전제 속에 담긴, 의미 있는 결론들을 보다 풍요롭게 이끌어내는 기술이다. 본격적인 연역은 정의하기에서 시작된다.

정의하기

정의하기는 개념의 명확한 정의를 통해 결론을 유도해내는 기술이다.

고대 그리스에서 성립한 '제논의 역설(Zenon's paradox)'이라는 것이 있다. 논리에서 역설이란 '일반적으로 인정된 것들과 근본에서 대립되는 주장'을 말한다. 제논의 역설은 몇 가지 내용을 포함하고 있는데, 황당하면서도 논리적으로 반박하기 어려운 명제들로 명성과 권위를 획득한 것들이다. 그중에서 황당한 도수로 따지면 상위권에 들어갈 '화살의 역설'이라는 것이 있다. 내용을 간단히 정리하면 다음과 같다.

"나는(flying) 화살은 날지 않는다. 화살을 쏘았다고 가정하자. 순간을 생각해보면 화살은 매 순간 정지해 있다. 즉 운동 상태에 있을 수 없다. 그런데 시간의 흐름은 순간을 무수히 모은 것이다. 정지한 화살을 아무리 많이 모아도 거기서 운동이 나오지는 않는다. 따라서 나는 화살은 사실은 날지 않는다. 우리의 감각이 우리를 속이는 것일 뿐이다."

제논이 제시한 이 논증의 허점을 정의로부터 찾아보자.

제논이라는 사람은 운동과 변화의 불가능성을 증명하려는 의도에서 상기의 역설을 포함한 다른 여러 가지 역설들을 창안해냈다고 한다. 많은 사람들이 이 역설을 깨려고 했지만 깨지 못했다. 내용의 핵심은 '화살이 난다면(전제) 그것은 날지 않는다(결론)'이다. 제논의 다른 역설들은 몰라도 이 역설은 아리스토텔레스가 간단히 논파했다.

아리스토텔레스는 복잡한 이야기를 하기 전에 먼저 날아감, 즉 운동의 정의를 물었다. 이 질문에 대한 그의 대답은 '운동이란 일정한 시간이 흐를 때 위치를 바꾸는 것'이다(거꾸로도 마찬가지다. '일정한 시간이 흐를 때' 위치를 바꾸는 것이 곧 운동이다. 즉 주부(A)와 술부(B)의 순서를 바꾸어도 성립해야 '정의'가 될 수 있다). 정지는 반대로 '일정한 시간이 흐를 때' 위치를 바꾸지 않는 것이 된다. 상식에 부합되는 정의이므로 이 정의를 부정할 사람은 아무도 없다. 운동이건 정지건 모두 '일정한 시간의 흐름'을 전제로 한다. 그런데 제논은 '순간'을 정지와 연결했다. 순간은 일정한 시간의 흐름이 없으므로 정지와 운동을 말할 수 없다(정의 위배). 제논은 잘못된 전제로 출발했으므로 그 결론 또한 무의미하다. 여기서 역설은 해결된다.

'삼각형의 내각의 합이 180도임을 증명하라'는 문제를 만났을 때, 내각의 합이나 180도가 아니라 '삼각형이 무엇인가'라는 질문을 던질 수 있어야 한다.

문제 상황에서 개념의 정의('A는 B')를 명확히 함으로써 그 속에 담긴 결론을 이끌어내는 것은 사고의 일관된 흐름, 즉 연역의 가장 기본적이면서도 핵심적인 방법이다.

정의를 알고 있다고 해서 자동적으로 결론이 이끌려져 나오는 것은 아니다. 정의를 통한 문제해결에는 적극적인 사고 과정이 반드시 개입되어야 한다.

64명이 참가한 개인 바둑대회에서 토너먼트 방식으로 우승자 한 명을 결정하기로 했다. 이 대회에서 치르는 게임은 모두 몇 게임일까?

보통의 풀이는 다음과 같다. 우선 64명은 32개 조로 구성된다(두 명이 한 조). 32개 조가 32게임을 치르면(한 조에 한 게임) 16개 조가 남는다. 다시 16개 조가 16게임을 치르면 8개 조가 되고 8개 조가 8게임을 치르면 4개 조가, 다시 2개 조가, 다시 1개 조가, 마지막 게임에 1명이 남는다. 따라서 게임의 총수는 32+16+8+4+2+1=63이다.

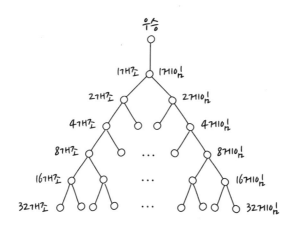

이 문제는 정의를 이용해서 다음과 같이 간단히 해결할 수 있다.

토너먼트(A)의 정의는 '한 번 게임할 때마다 한 사람이 탈락하는 방식(=B)'이다. 게임을 한 번 할 때마다 한 사람이 탈락하므로 게임의 총수는 탈락한 사람의 총수와 같다. 게임은 최종적으로 우승자 한 사람이 남을 때, 즉 우승자(1명)를 제외하고 모두(63명) 탈락했을 때 끝난다. 따라서 게임의 총수는 63회다.

이 문제에서는 '게임의 총수=탈락한 사람의 총수'라는 생각이 해결의 포인트다.

한 번 게임할 때, 한 사람 탈락 ⇔ 게임의 총수＝탈락한 사람의 총수

이러한 결론은 토너먼트 방식이라는 개념(정의)에서 나왔지만 개념에 대한 지식이 있다고 해서 누구나 같은 결론에 도달할 수 있는 것이 아니다. 정의는 아무 말도 하지 않는다. 문제해결 주체가 적극적으로 정의가 품고 있는 메시지를 끌어내야 하는 것이다.

이상에서 살펴본 것처럼 연역추론에서 보장되는 결론의 확실성은 삼단논법이든 정의하기든 모두 문제의 조건(전제)에 대한 정확한 분석을 통해 달성된다. 이는 문제해결 주체의 적극적 사고를 통해 이루어지며 따라서 노력과 시행착오를 필요로 한다.

연역을 할 수 있는 능력은 논리력의 핵심이다. 하지만 추론은 연역만으로 달성되지 않는다.

| 2 |

개연추론

개연추론 또한 전제(조건)에서 결론을 유도하는 과정이지만 연역추론과는 달리 아직 확실하지는 않은 대략적 판단이다. 대표적인 개연추론으로 귀납과 유추가 있다.

귀납

귀납(induction)이란 관찰된 몇 가지 사실들 속에서 공통된 규칙이나 패턴을 발견하여 일반적인 판단을 끌어내는 방법이다. 다음 문제를 보자.

원금 200만 원으로 연이율 5%인 복리예금을 들었을 때, 30년 후의 원리합계는 얼마일까? (복리는 단리와 달리 원금이 계속 달라진다.)

1년부터 30년까지 하나하나 다 계산하기는 힘들다. 이런 경우에는 앞의 몇 년의 원리합계를 계산해나가면서 공통된 규칙(패턴)을 발견한 다음 일반화하는 방법을 취하면 된다.

1년 후 원리합계(원금 200, 이자 $\frac{5}{100}$)

$= 200 + 200 \times \frac{5}{100} = 200\left(1 + \frac{5}{100}\right)$

2년 후 원리합계(원금 $= 200\left(1 + \frac{5}{100}\right)$, 이자 $\frac{5}{100}$)

$= 200\left(1 + \frac{5}{100}\right) + 200\left(1 + \frac{5}{100}\right)\frac{5}{100} = 200\left(1 + \frac{5}{100}\right)\left(1 + \frac{5}{100}\right) = 200\left(1 + \frac{5}{100}\right)^2$

3년 후 원리합계(원금 $= 200\left(1 + \frac{5}{100}\right)^2$, 이자 $\frac{5}{100}$)

$= 200\left(1 + \frac{5}{100}\right)^2 + 200\left(1 + \frac{5}{100}\right)^2\frac{5}{100} = 200\left(1 + \frac{5}{100}\right)^2\left(1 + \frac{5}{100}\right) = 200\left(1 + \frac{5}{100}\right)^3$

1년 후 원리합계 $= 200\left(1 + \frac{5}{100}\right)$, 2년 후 원리합계 $= 200\left(1 + \frac{5}{100}\right)^2$, 3년 후 원리합계 $= 200\left(1 + \frac{5}{100}\right)^3$ 이라는 패턴으로부터 30년 후 원리합계는 $200\left(1 + \frac{5}{100}\right)^{30}$ 일 것이라는 추측이 나올 수 있다(물론 증명은 별개다).

이와 같이 '패턴 찾기'로 정리될 수 있는 귀납은 실제로 많은 수학 문제해결에 사용된다. 다음 문제를 보자.

평면에 직선을 하나 그으면 평면이 두 부분으로 나누어진다. 만약 두 직선을 그으면 평면은 네 부분으로 나누어진다. 20개의 직선을 그었을 때 평면은 몇 부분으로 나누어질까? (단, 직선들은 평행하지 않으며 세 직선 이상이 한 점에서 만나는 경우도 없다.)

해결의 관건은 직선의 수가 적을 때, 평면이 나누어지는 횟수를 나열하며 그 속에서 어떤 규칙을 발견하는 것이다.

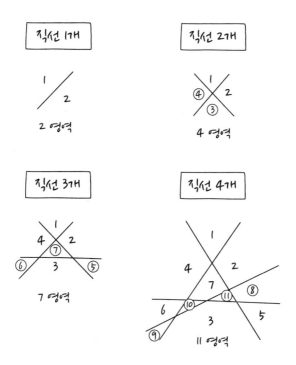

일단 이 정도만 나열하고 패턴을 찾아보자.

2, 4, 7, 11이라는 수들 사이에 어떤 규칙이 보이는가?

'직선 수가 늘어날수록 기존에 나누어진 평면의 수에 새로운 경계선이 더해진다'는 사실에 주목하면 상황을 다음과 같이 다시 쓸 수 있다.

직선 1개: 2영역

직선 2개: 4(=2+2)영역

직선 3개: 7(=4+3=2+2+3)영역

직선 4개: 11(=7+4=2+2+3+4)영역

이러한 발견으로부터 평면에 20개의 직선을 긋는다면 그 수는 (2+2+3+4+⋯+19+20=211)영역이라고 추측할 수 있다. 이 정도면 별도의 증명을 하지 않더라도 정답을 거의 확신할 수 있다(물론 별도의 증명은 필요하다).

이상의 문제들을 통해 알 수 있듯이 같은 귀납이라 해도 그 방식이나 강도는 다양이다. 또한 귀납이 단순한 관찰만으로 이루어지지 않으며 관찰과 사고가 결합되어 이루어진다는 것도 알 수 있다. 관찰과 사고의 비율이 문제마다 다르고 그에 따른 귀납의 방식도 다양하기 때문에 귀납 능력을 향상시키기 위해서는 다양한 경험과 그에 따른 노력이 필요하다.

유추

귀납과 함께 대표적인 개연추론으로 꼽히는 것이 유추(analogy)이다. 귀납이 사례들에 내재하는 패턴의 발견이라면, 유추는 사례들 사이에 존재하는 유사성의 발견이라고 말할 수 있다. 유추적 사고는 특히 과학에서 많이 사용된다. 17세기 과학혁명을 완성했다고 평가받는 뉴턴은 사과가 땅에 떨어지는 현상과 달이 지구를 빙빙 도는 현상을 비슷한(닮은) 것이라고 생각했다. 달도 사과처럼 지구(땅)로 떨어진다고 본 것이다(달과 사과의 차이는 초기 속도일 뿐이다).

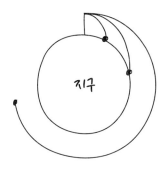

현상들 사이에 공통된 그 무엇이 객관적으로 관찰되지 않는데도 유사성이라는 이름으로 묶어서 볼 수 있는 이유는, 인간이 가진 직관이 서로 다른 현상들 속의 닮은 부분을 인지해내기 때문일 것이다(물론 그만큼 오류 가능성도 크다). 다음 문제를 보자.

둘레의 길이가 일정한 모든 평면도형 중에서 원이 최대넓이를 갖는다. 그렇다면 겉넓이가 일정한 모든 입체도형 중에서 최대부피를 가지는 도형은 무엇이겠는가?

평면에서 원에 해당하는 도형은 공간에서 뭘까?

조금만 생각해봐도 '구(sphere)'일 것 같다는 생각이 자연스럽게 든다. '평면 : 원=공간 : 구'가 유추에서의 닮음, 즉 유사성이라는 말의 의미다. 물론 근거는 약하다. 다음 문제도 마찬가지다.

> 균일한 막대기의 무게중심은 그 막대기의 두 끝 점 사이의 거리를 1 : 1로 분할하는 점이다. 균일한 삼각형의 무게중심은 각 꼭짓점과 대변의 중심 사이의 거리를 2 : 1로 분할하는 점이다. 그렇다면 균일한 사면체의 무게중심은 각 꼭짓점과 대면의 무게중심 사이의 거리를 어떤 비율로 분할할까?

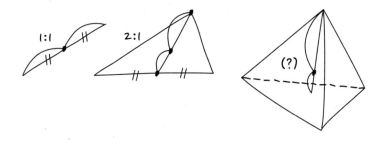

막대기는 선분, 즉 1차원 도형으로 생각할 수 있으며 삼각형은 2차원(평면) 도형이다. 그리고 사면체는 3차원(입체) 도형이다.

문제의 조건에 의하면 1차원 도형인 막대기의 무게중심은 양 끝의 1 : 1의 지점이고, 2차원 도형인 삼각형의 무게중심은 세 끝의

2 : 1지점이다. 그렇다면 이상의 정보로부터 3차원 도형인 사면체의 무게중심은 네 끝의 3 : 1지점일 것이라고 자연스럽게 유추할 수 있다. 이 추측은 실제로 참이며, 증명하는 것은 생각보다 어렵다. 하지만 어려운 결과를 유추는 이렇게 쉽게 알려준다.

유추라는 개연추론은 유사성에 의존하기 때문에 몇 가지 사례들의 패턴을 찾아내서 결과를 일반화하는 절차를 밟는 귀납보다는 근거가 약하다는 문제가 있다. 하지만 그렇기 때문에 오히려 유추는 서로 관련이 있으리라고는 전혀 예상치 못했던 대상들을 이어주는 놀라운 매력이 있다. 이런 이유로 20세기 미국의 철학자 퍼스 C. Peirce는 인간의 유추 능력을 새가 지저귀고 하늘을 나는 능력에 비유했다.

귀납과 유추는 개연추론의 대표적인 두 방법이며, 수학 문제뿐만 아니라 일상적인 문제해결 과정에서도 자주 사용된다. 하지만 개연추론에는 명백한 한계가 있다.

하나의 원주 위에 2개의 점을 찍고 각 쌍의 점들을 직선으로 연결한다. 이때 원판은 2개의 영역으로 나누어진다. 만약 원주 위에 3개의 점을 찍고 각 쌍의 점들을 직선으로 연결하면 원판은 4개의 영역으로 나누어진다. 이런 식으로 6개의 점을 찍고 각 쌍의 점들을 연결하면 원판은 몇 개의 영역으로 나누어질까? (단, 세 선분 이상이 한 점에서 만나는 경우는 없다.)

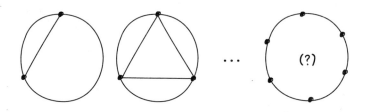

쉬운 몇 가지 경우를 통해 귀납하면 우리는 일반적인 규칙을 발견할 수 있다. 이에 따라서 6개의 점을 찍은 경우 원이 32개로 분할된다고 자연스럽게 결론 내릴 수 있다.

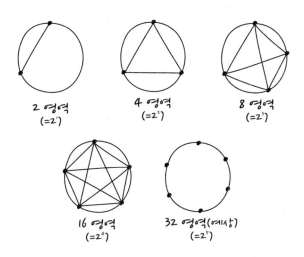

2 영역
(=2^1)

4 영역
(=2^2)

8 영역
(=2^3)

16 영역
(=2^4)

32 영역(예상)
(=2^5)

이제 실제로 차분하게 확인해보자.

나누어지는 영역은 모두 31개다!

몇 번을 해봐도 우리의 추측이 틀렸다는 사실만 더 분명해진다. 우리가 '발견한' 규칙은 그저 우연의 일치였던 것이다. 저 수치들 속에 규칙이 존재한다면 쉽게 발견되지 않는 다른 규칙임에 틀림없다. 귀납이 이럴진대 그보다 더 근거가 허약한 유추의 경우도 마찬가지일 것은 분명하다.

이와 같이 귀납이나 유추가 강력하고 확신을 준다고 해서 그 결과가 항상 성립하는 것은 아니다. 그렇다면 이처럼 불확실한 개연 추론을 하는 이유는 무엇일까?

개연추론과 연역추론은
서로를 필요로 한다

개연추론이 필요한 이유는 연역추론이 어려울 때, 초기 상황을 타개하는 과정에서 개연추론이 유용하게 사용될 수 있기 때문이다. 즉 개연추론으로 대략적인 추측을 하고(발견) 그다음에 연역추론을 통해 이를 사실로 확정하는(증명) 것이다.

다음은 기둥 모양의 다면체의 면(F)과 꼭짓점(V) 그리고 모서리(E)의 개수를 나타낸 표이다. 표를 잘 관찰하고 이로부터 '모든' 기둥에서 성립하는 F, V, E 사이의 상호 관계를 찾아보자.

기둥	면(F)	꼭짓점(V)	모서리(E)
삼각기둥	5	6	9
사각기둥	6	8	12
오각기둥	7	10	15
육각기둥	8	12	18
⋮	⋮	⋮	⋮

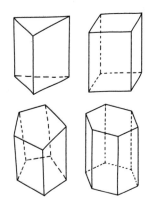

기둥들은 모두 다르게 생겼으며 따라서 면(F)과 꼭짓점(V) 그리고 모서리(E)의 개수도 기둥의 종류에 따라 제각각이다. 하지만 표를 잘 관찰하면 제시된 기둥들에서 성립하는 F, V, E 사이의 공통된 관계(패턴)를 발견할 수 있다.

그것은 표에 제시된 기둥에서 면(F)의 개수와 꼭짓점(V)의 개수의 합이 모서리(E)의 개수보다 꼭 2개 많다는 사실이다(5+6=9+2, 6+8=12+2, 7+10=15+2, 8+12=18+2). 즉 F+V=E+2(또는 V−E+F=2)가 성립한다. 이 같은 발견으로부터 모든 기둥에서 V−E+F=2가 성립할 것이라고 자연스럽게 예상할 수 있다(개연추론).[3] 이제 증명(연역추론)을 통해 우리의 발견이 사실인지 확인해보자.

기둥은 '윗면과 밑면이 동일한 다각형인 다면체'로 정의할 수 있는 도형이다. 따라서 윗면(과 밑면)을 n각형이라고 놓으면 정의에 따라 모든 기둥을 담을 수 있다.

· · · ·

3   물론 이 추측이 말 그대로 우연한 것이며 틀렸을 수 있다. 또 표에서 이와는 다른 규칙을 발견할 수도 있을 것이다.

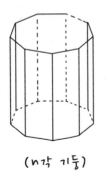

$$V = n + n = 2n$$
$$F = 1 + 1 + n = n + 2$$
$$E = n + n + n = 3n$$
$$\therefore \ V - E + F = 2$$

(n각 기둥)

윗면이 n각형인 기둥의 꼭짓점(V)은 윗면의 n개, 밑면의 n개가 전부이므로 총 $2n$개다(V=$2n$). 위 아래로 두 개의 면과 옆으로 n개의 면을 가지고 있으므로 면(F)은 모두 $n+2$개가 된다(F=$n+2$). 마지막으로 모서리(E)는 윗면에 n개, 밑면에도 n개 그리고 옆면에도 n개 있으므로 모두 $3n$이다(E=$3n$). 요컨대 V=$2n$, F=$n+2$, E=$3n$이다. 여기서 V$-$E$+$F$=2n-3n+n+2=2$임을 확인한다. 우리가 발견한 공식이 모든 기둥 모양의 입체에서 성립함이 '증명'되었다.

이러한 발견은 기둥 모양이 아닌 다른 입체들 사이에서 성립하는 V, E, F의 관계를 발견하고자 하는 생각으로 확장될 수 있다. 우리는 기둥이 아닌 '각뿔 모양'의 모든 입체에서도 동일한 규칙 V$-$E$+$F$=2$가 성립함을 동일한 방식으로 쉽게 증명할 수 있다.

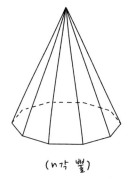

$$V = 1 + n$$
$$F = 1 + n$$
$$E = n + n = 2n$$
$$\therefore V - E + F = 2$$

(n각 뿔)

이처럼 귀납이나 유추 등의 방법으로 결과를 예측하거나 필요한 단서들을 발견함으로써 연역의 방향을 설정하고 문제를 해결하는 데 도움을 줄 수 있다. 이는 수학 문제해결에서 일어나는 일만이 아니다.

살인사건을 해결하는 과정에서 형사가 여러 가지 정황을 통해 일단 용의자의 범위를 좁힌 후(개연추론), 알리바이와 물증 등을 엄밀하게 조사함으로써 용의자 중 특정한 X가 범인임을 증명하는(연역추론) 과정을 생각해보라.

어떤 젊은이가 기차역 선로 부근에서 시체로 발견되었다. 그 역은 환승역이어서 부근에 선로들이 어지럽게 교차하고 있었다. 탐정은 사건현장에서 곰곰이 생각한다. '젊은이가 기차표를 사지 않았기 때문에 기차 내에서 살해당

하지 않았고 또 기차에서 떨어져 죽은 것도 아니다. 그리고 선로 주변에 핏자국이 없으니 열차에 치여 죽은 것도 아니다. …' 이렇게 가능성을 좁혀나가던 탐정은 교차점에서는 기차가 서행하면서 흔들린다는 사실에 주목해서 살인자가 딴 곳에서 살인을 저지른 후 시체를 기차 지붕 위에 올려놓았고, 그래서 시체를 지붕에 싣고 오던 기차가 교차점에서 커브를 틀며 흔들릴 때 시체가 선로 주변으로 떨어진 것이라는 그럴듯한 추측에 도달한다. 탐정은 곧 기차 코스에서 그 같은 일을 할 수 있는 집 세 채를 찾아내고 그중 한 집에서 증거를 발견함으로써 범인을 잡는다.[4]

추론에는 다양한 능력이 필요하며, 이러한 능력들이 상호 관련되어 문제가 해결된다. 발견에도 증명의 싹이 들어 있고 증명에도 발견이 녹아 있기 때문에 둘이 별개의 것이 아니라 연결되어 있으며 서로를 깊이 보완한다. 요컨대 논리력을 키우는 과정은 개연, 연역추론의 능력 모두를 향상시키는 과정이어야 한다.

지금까지 문제해결 과정에서 논리가 어떻게 작동하는지 몇 가지 문제를 통해 살펴보았다. 연역추론과 개연추론은 문제해결 과정에

----

4 도일(C. Doyle)이 쓴 〈브루스파팅턴 호 설계도(The Adventure of the Bruce-Partington Plans)〉라는 단편 소설의 줄거리다. 주인공은 물론 셜록 홈즈다.

서 논리가 흐르는 통로이며 두 통로는 별개의 것이 아니라 하나로 연결된 통로임을 알게 되었다. 논리력이란 이 통로를 거침없이 달려나가는 힘이다.

수학의 언어는 도형과 수이다. 이제 도형과 수라는 대상에 논리력이 작동함으로써 어떤 문제가 해결될 수 있으며, 그 과정을 통해 정신이 어떻게 풍요롭게 성장할 수 있는지 보다 체계적으로 살펴보자. 먼저 도형(기하)이다.

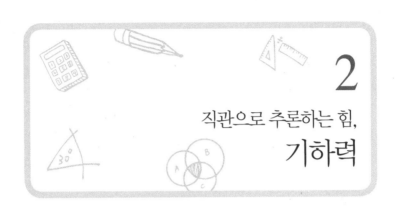

2

직관으로 추론하는 힘,

기하력

　문제해결 상황을 가정했을 때(예술적 충동 등을 논외로 하고) 우리가 그림을 그리는 이유는 무엇일까?

　전체 50명에게 지난 휴가 때 산과 바다 중 어느 곳에 갔는지 물었다. 산에 간 사람은 18명, 바다에 간 사람은 27명이었는데, 둘 중 어느 곳에도 가지 않은 사람이 7명이었다. 산과 바다 모두 다 간 사람은 몇 명인가?

　이 문제는 조건에 대한 기본적인 분석 이외에 별도의 지식을 필요로 하지 않는다. 그런데 머릿속에서만 추론하려니 머리가 아파지기 시작한다. 하지만 문제 상황을 그림으로 나타내면 상황이 보다 잘 '보인다'.

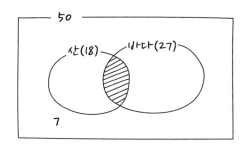

산과 바다 모두 다 가지 않은 사람이 7명이므로 둘 중 어느 하나에 간 사람 수는 모두 43명(=50-7)이어야 한다. 그런데 각각의 수는 산 18명과 바다 27명, 도합 45명이다. 따라서 그림에서 겹치는 부분(두 장소 모두 간 사람 수)은 45-43=2명이어야 한다. 그림이 상황을 한눈에 보여줌으로써 추론을 돕는 것이다.

이처럼 그림을 그릴 수 있는 인간의 능력은 복잡한 상황을 감각(시각)화함으로써 직관적으로 쉽게 해결할 수 있는 길을 열었다. 보다 체계적으로 문제를 해결하는 과정에서 그림은 도형으로 발전했다.

| 1 |
직관의 세 축:
닮음, 같음 그리고 극한

그 어원이 땅(geo)과 측량(metry)인 것으로도 알 수 있듯이 기하학(geometry)은 땅의 길이와 넓이를 구하는 문제에서 시작되었다. 측량의 시작은 길이 구하기다.

그림과 같이 막대기를 이용해서 나무의 높이를 계산해보자.

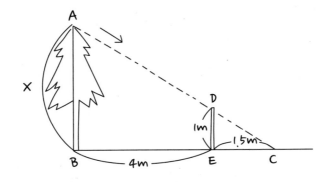

이미 알고 있는 길이를 가지고 미지의 길이를 구하는 문제다. 이 문제를 해결하는 과정에서 삼각형의 닮음(similarity)에 대한 지식이 공식화되었다.

그림 속의 두 삼각형 ABC와 DEC는 닮은 도형이다. 즉 두 변의 길이 $\overline{AB}, \overline{BC}$의 관계는 $\overline{DE}, \overline{EC}$의 관계와 동일하다. 예를 들어 $\overline{BC}$가 $\overline{AB}$의 2배라면 $\overline{EC}$도 $\overline{DE}$의 2배라야 같은 모양이 유지될 것이다(패턴의 인식). 이를 다음과 같이 식으로 정리할 수 있다.

$$\overline{AB} : \overline{BC} = \overline{DE} : \overline{EC}$$

이 식에 수를 대입하여 $x : 5.5 = 1 : 1.5$를 얻어내고 내항과 외항을 곱해서 $1.5x = 5.5$, 즉 알고 싶은 길이 $x = \dfrac{5.5}{1.5} = \dfrac{11}{3}$을 얻어낸다.

이와 같이 구하기 힘들거나 불가능한 길이를 구하는 과정에서 닮은 도형이 발견되었고 대응하는 길이들 사이의 비례관계가 인식되었으며(개연추론), 이를 증명함으로써(연역추론) 공식이 만들어졌다.

그리스의 현인 탈레스^{Thales}는 '만물의 원질(arkhe)은 물이다'라는 선언으로 서양철학사의 아버지가 되었다. 그가 서양철학사의 아버지가 된 이유는 변화하는 현상을 통해 변화하지 않는 그 무엇, 변화 속에서 변하지 않으면서 그 모든 변화를 가능케 하는 그 무엇이 존재한다는 발상을 했기 때문이다. 탈레스가 이집트를 여행하던 중에 닮은 삼각형의 변의 길이들 사이에 존재하는 불변성(비례관계)을 통해 피라미드의 높이를 구한 것은 그의 철학과 통하는 측면이 있다.

　중국에서도 닮은 삼각형을 이용한 미지의 길이 구하기가 널리
사용되었다.

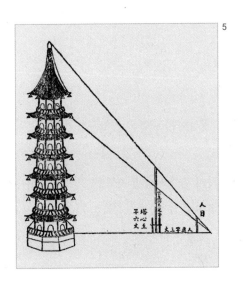

　미지의 길이를 구하는 문제에서 성립한, 닮은 삼각형의 변들 사
이에 존재하는 일정한 비율이라는 지식은 이후에 서양에서 삼각법
(trigonometry)이라는 체계적인 지식으로 발전한다.

· · · ·
5　13세기 중국의 산학서 《數書九章(수서구장)》에 나오는 그림이다.

도형의 넓이를 구하는 문제는 길이 구하기보다 훨씬 중요하고 현실적 필요성을 지닌 문제였다. 이집트나 그리스 그리고 인도나 중국 등 국가 형태를 가진 사회에서 땅의 넓이는 세금 수취와 밀접한 관련이 있었기 때문이다.

넓이는 직사각형(rectangle)과 관련 있다. 선분의 정의가 '단위길이(=1)의 개수'인 것처럼 직사각형의 넓이는 '단위넓이(=가로와 세로의 길이가 모두 1인 정사각형)의 개수'로 정의할 수 있다. 넓이의 모든 것은 이 단순한 정의로부터 시작되었다.

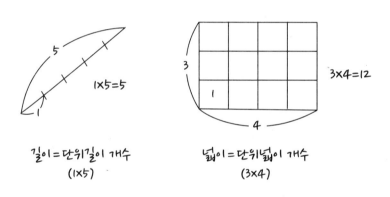

길이 = 단위길이 개수
(1×5)

넓이 = 단위넓이 개수
(3×4)

직사각형의 넓이가 그 속에 들어 있는 단위정사각형의 개수이므로 직사각형의 넓이 공식은 '가로 길이×세로 길이'가 된다. 이 공식은 넓이의 정의에서 이끌어져나온 결론이다.

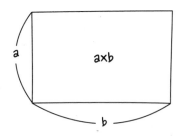

직사각형의 넓이로부터 넓이라는 개념(=정의)이 생겨났기 때문에 모든 평면도형의 넓이는 직사각형 모양과 관련지어 생각하는 것이 자연스러운 사고의 방향이 되었다. 다음 그림을 통해 우리는 삼각형의 넓이 공식인 '밑변 길이×높이×$\frac{1}{2}$'을 증명할 수 있다.

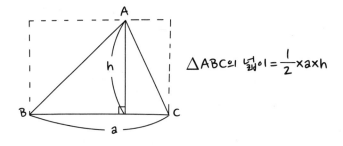

이 공식은 다음 그림에서 두 삼각형 *ABH*와 *BAE*, 그리고 *AHC*와 *CDA*가 각각 '같다'는 발견에 근거한다.

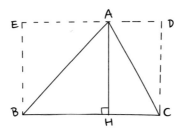

　두 도형의 '같음'을 어떻게 정의할 수 있을까? 유클리드는 '하나를 적당히 움직여서 다른 것에 정확히 겹쳐졌을 때' 두 도형을 같은 것으로 정의했으며, 이 정의는 이후에 받아들여졌다. 도형에서 성립하는 같음을 '합동(congruence)'이라고 부른다.

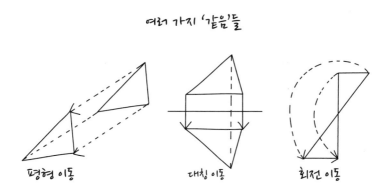

여러 가지 '같음'들

평행 이동　　　　대칭 이동　　　　회전 이동

　삼각형의 넓이에 대한 상기의 공식은 삼각형 *ABH*와 *AHC*를 적당히 움직이면(평행, 대칭, 회전이동) 각각 삼각형 *BAE*, *CDA*와 정확히 겹쳐진다는 사실에 근거하여 삼각형의 넓이가 그를 둘러싸고 있는 직사각형의 넓이의 절반이라는 새로운 발견으로 이어진 결과다.

이와 같이 어떤 문제를 해결할 때 우리는 서로 다른 곳에서 유사함(닮음)과 같음(합동)을 발견함으로써 해결의 실마리를 잡는다.

길이나 도랑 등을 만들 때 폭이 일정해야 했기 때문에 마주 보는 한 변이 평행한 사다리꼴은 실제 상황에서 자주 나타나는 도형이었다. 그림을 보고 사다리꼴의 넓이 공식을 삼각형을 이용해서 설명해보자.

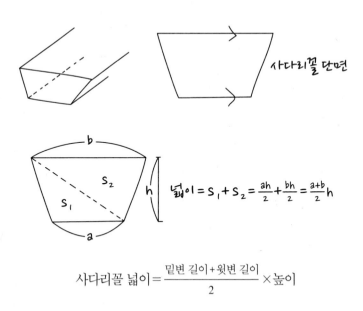

$$넓이 = S_1 + S_2 = \frac{ah}{2} + \frac{bh}{2} = \frac{a+b}{2}h$$

$$사다리꼴\ 넓이 = \frac{밑변\ 길이 + 윗변\ 길이}{2} \times 높이$$

삼각형의 넓이 공식으로부터 다각형은 모두 그 넓이를 구할 수 있는 길이 열렸다.

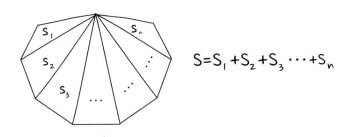

$$S=S_1+S_2+S_3\cdots+S_n$$

곡선으로 둘러싸인 도형의 넓이는 원에서 시작되었다. 원은 하늘과 땅, 인간 모두에게서 등장하는 이상적인 도형의 하나였다. 하늘에서의 별의 회전, 자연에서 만들어지는 수많은 과일들, 인간의 신체(얼굴 등) 등 인위가 가해지지 않은 자연에는 둥근 모양이 많았다. 자연에서 힌트를 얻은 인간은 원 모양을 명확히 정의하고 이를 바탕으로 행성의 운동을 이해하고 수레바퀴를 만들고 물레방아를 만들고 풍차를 만들었다. 그리고 원 모양의 땅의 넓이를 구해야 했다.

원 모양의 넓이를 구하기 위해서는 그것을 직사각형 모양으로 변형시켜야 하는데 이것은 이전 문제와는 차원이 다른 작업이었다. 원은 곡선도형이기 때문에 직선도형인 직사각형 모양으로 변형될 수 없기 때문이다.

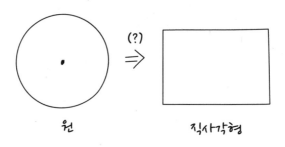

원   직사각형

원은 그 정의에 있어서 반지름이 일정한 도형이다. 따라서 중심에서 반지름을 긋고 많은 조각피자(부채꼴) 모양의 도형들로 분해한 다음, 사각형 모양으로 재조립하는 방법을 생각했다. 하지만 테두리가 결코 직선이 될 수 없다는 한계가 있다. 그런데 쪼개지는 조각피자의 수가 많아질수록 테두리가 점점 더 직선에 가까워진다. 여기서 조각피자를 '무한히' 쪼갠다는 발상이 나오게 되었다. 극한(limit)이라는 발상이다.

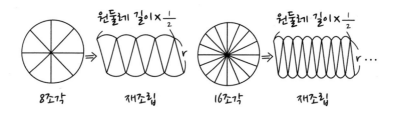

조각이 많아질수록 재조립한 도형이
직사각형 모양에 가까워진다.

현실적으로 원을 무한히 많은 조각피자로 쪼개는 것은 불가능하다. 하지만 '상상할' 수는 있다. 감각을 넘어선 감각! 수학이 과감한 상상력과 무관하지 않다는 것을 필자는 극한이라는 위대한 발상에서 본다. 이러한 극한개념을 사용하여 원을 직사각형으로 바꿀 수 있다.

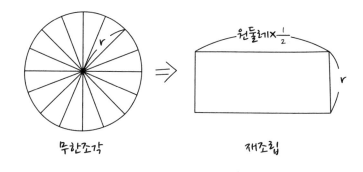

무한조각 ⇒ 재조립

원의 넓이=원둘레 길이의 절반×반지름의 길이

극한의 개념은 동서양에서 공통적으로 나타난다. 그리스의 에우독소스^{Eudoxos}나 아르키메데스^{Archimedes}는 극한개념을 통해서 곡선이나 곡면으로 둘러싸인 도형의 넓이와 부피를 구했으며, 중국에서도 5세기에 조충지^{祖沖之}가 이와 같은 방법으로 원의 넓이의 근삿값을 정교하게 구한 기록이 있다. 곡선은 아무리 쪼개도 곡선이다. 하지만 곡선도형을 무한히 쪼개서 다시 합치면 직선도형으로 변한다. 무한히 쪼개는 것은 현실적으로 불가능하지만 논리적으로는 가능하다. 이것은 마술이 아니라 수학이다. 극한이라는 개념은 유한한 인간을 무한의 세계로 진입할 수 있게 해주는 패스워드이다. 인간의 자유로운 사고 능력의 결과물인 이 극한개념이 17세기에 함수와 연결되면서 미적분이라는 신세계의 문이 열렸다.

모든 원은 닮은꼴이며 그 닮음의 정체는 둘레 길이와 지름 길이의 비율이다. 그 비율이 일정하기 때문에 원은 그 모습이 모두 동일한 것이다. 이 비율을 원주율로 부르고 그리스 문자 π(대략 3.14 정도의 값)로 쓴다.

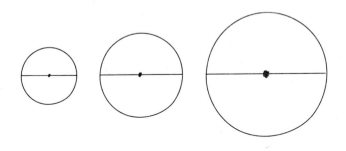

$$\text{모든 원에서} \quad \frac{\text{둘레 길이}}{\text{지름 길이}} = \pi \,(\text{일정한 값}) \fallingdotseq 3.14$$

따라서 '원둘레 길이=π×지름 길이'이므로 원의 넓이 공식은 원주율을 이용하여 다음과 같이 표현할 수 있다.

$$\text{원의 넓이} = \text{원둘레 길이의 절반} \times \text{반지름 길이}$$
$$= \pi \times \text{지름 길이} \times \frac{1}{2} \times \text{반지름 길이} = \pi \times (\text{반지름 길이})^2$$

  곡선을 직선으로 만들어주는 극한개념의 놀라운 효능은 원뿐만 아니라 곡선으로 둘러싸인 임의의 평면도형을 다양한 방식으로 직사각형들의 합으로 환원할 수 있게 해주었다(뒤에 나오겠지만 이것이 '적분'이라는 발상의 시초이다).

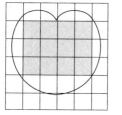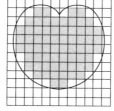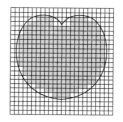

고등학교 미적분 | 154쪽, 좋은책신사고

  도형의 넓이를 구하는 것이 주로 세금 문제와 관련이 있었다면 부피를 구하는 것은 건축물 쌓기, 용역비용 계산 등의 상황과 연결된 문제였다.

넓이가 직사각형에서 시작되었듯이 부피는 직육면체에서 시작한다. 넓이가 단위넓이(가로, 세로의 길이가 각각 1인 정사각형)의 개수였듯이 부피의 정의는 단위부피(가로, 세로, 높이가 각각 1인 정육면체)의 개수이다. 이 정의에 따라서 직육면체의 부피 공식인 '가로 길이×세로 길이×높이'가 자연스럽게 유도된다. '가로 길이×세로 길이=밑면의 넓이'이므로, 이 공식은 보다 간단히 '밑면의 넓이×높이'로 줄여 표현할 수 있다. 도형의 부피를 구하는 문제는 넓이를 구하는 문제의 연장선상에 있다.

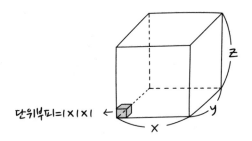

부피=단위부피의 개수=X × y × Z=밑면의 넓이×높이

그 입체 속에 들어 있는 단위부피(1×1×1)의 개수라는 부피의 정의에 따라 밑면이 다각형인 일반적인 기둥 모양의 입체의 부피 공식도 유도할 수 있다. 기둥 속에 있는 단위부피의 개수는 밑면에 있는 단위정사각형의 개수(=밑면 넓이의 정의)를 높이만큼 곱해주면

된다. 여기서 '기둥의 부피=밑면 넓이×높이'라는 공식이 증명된다. 입체 속에 들어 있는 단위정육면체의 개수라는 부피의 정의로부터 연역된 결론이다. 이것은 앞선 직육면체의 공식을 포함하는, 보다 일반적인 공식이다.

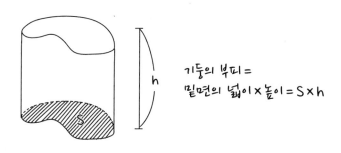

다음은 13세기 중국의 산학서《산학계몽算學啓蒙》에 나오는 문제이다.

지금 운하를 뚫어야 하는데 밑변의 길이는 1장 8자 7치고 윗변의 길이는 2장 6자 3치며 깊이는 1장 5자고 길이는 36리 285보이다. 한 사람이 퍼내는 흙의 양은 $\frac{2{,}990}{7}$ 세제곱자만큼이다. 쓰인 일꾼은 몇 명인가?[6]

• • • •

6   원래 문제는 이보다 조금 더 복잡하지만 논의의 편의상 간단히 줄여서 표현했다.

상황을 도형으로 나타내면 다음과 같이 사다리꼴 기둥이 나온다
(운하이므로 서 있지 않고 누워 있다).

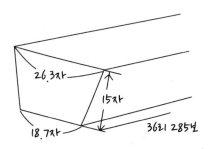

우선 전체 흙의 양(=운하의 부피)을 구한 다음, 한 사람이 퍼내
는 흙의 양으로 나누면 필요한 사람 수가 나온다. 운하(사다리꼴 기
둥)의 부피가 $\frac{18.7+26.3}{2} \times 15 \times 66,510 = 22,447,125$이므로(66,510은
36리 285보를 치 단위로 환산한 수치) 운하 건설에 필요한 일꾼의 수는
$22,447,125 \div \frac{2,990}{7} = \frac{157,129,875}{2,990} = 52,551\frac{477}{598}$ 명이다. 옛사람들이 생각보
다 합리적으로 사회를 운영했음을 알 수 있다.

이렇게 기둥의 부피 문제는 해결되었다. 그렇다면 이제 기둥이
아닌 입체의 부피가 남는다. 여기서 중요한 입체가 각뿔 모양이다.
기둥이 아닌 입체도형들은 기둥 모양과 각뿔 모양으로 분해되기
때문이다.

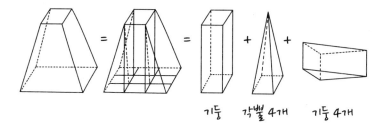

기둥   각뿔 4개   기둥 4개

 이러한 발견은 각뿔의 부피를 구할 수 있다면 많은 입체의 부피를 구할 수 있을 것이라는 생각으로 이어진다. 마치 삼각형의 넓이를 통해 다각형의 넓이를 구할 수 있는 것과 같다.

 평면에서 삼각형의 넓이를 구하는 공식은 $\dfrac{\text{밑변의 길이}}{2} \times \text{높이}$다. 그렇다면 공간에서 각뿔의 넓이를 구하는 공식을 이로부터 유추해보자.

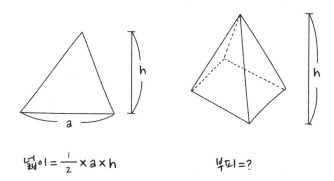

넓이 $= \dfrac{1}{2} \times a \times h$ 부피 $= ?$

'평면 : 삼각형=공간 : 각뿔'이라는 유추 관계를 통해 생각해보면 삼각형에서 밑변은 사각뿔에서 밑면에 해당된다. 평면은 2차원이므로 공간에서는 한 차원 올려서 3차원으로 놓으면, 공식은 $\frac{1}{3}$×밑면의 넓이×높이라는 유추가 성립된다. 실제로 수학자들은 이 유추가 옳다는 것을 증명했다.[7]

기둥 모양의 부피 공식이 밑면 넓이×높이이므로 위의 결론으로 볼 때 각뿔의 부피는 같은 밑면과 높이를 가진 각기둥 부피의 $\frac{1}{3}$이 된다.

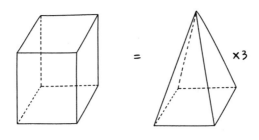

더 나아가 극한의 방법을 이용한다면 밑면이 곡선도형인 뿔의 부피도 이 공식과 동일함을 알 수 있다.

• • • •
7　　이 증명은 복잡하고 세세한 지식을 요구하므로 생략한다. 증명의 내용이 궁금한 독자는 《클레로의 기하학 원론》(클레로 지음, 장혜원 옮김, 경문사, 2005)의 121~134쪽을 참고하기 바란다.

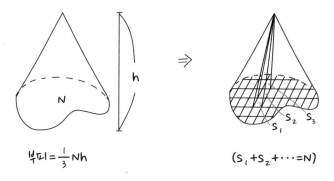

$$부피 = \frac{1}{3}Nh$$

$$(S_1 + S_2 + \cdots = N)$$

뿔의 부피 = 무수히 많은 각뿔들의 부피의 합

$$= \frac{1}{3}S_1 h + \frac{1}{3}S_2 h + \cdots$$

$$= \frac{1}{3}(S_1 + S_2 + \cdots)h$$

$$= \frac{1}{3}Nh$$

　직사각형의 넓이 공식(정의)에서 다양한 평면도형의 넓이를 구할 수 있었듯이, 기둥의 부피 공식(정의)을 통해서 다양한 입체의 부피를 구할 수 있었다. 이러한 사고의 발전 과정은 문제해결 과정에서 만들어진 기본 정의로부터 새로운 지식이 발생하고 확장되는 과정을 잘 보여준다.

|2|

모든 것은 정의에서
시작되었다

　길이를 구하는 과정에서 시작된 닮음의 개념은 넓이와 부피에서도 중요한 역할을 한다. 서로 다른 도형들 속에 존재하는 '유사함'이 문제해결 과정에서 다양하게 사용되는 것이다.

　닮음의 정의는 '두 도형의 대응하는 길이의 비가 동일함'이다. 직사각형을 예로 들면 다음과 같다.

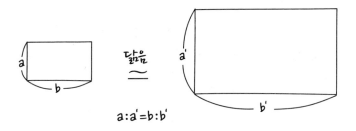

$$a:a'=b:b'$$

　이제 닮음의 개념을 넓이에 적용해보자. 대응하는 길이가 각각 2배씩 늘어난 직사각형은 그 전의 직사각형 넓이의 4배 넓이를 가진다. 즉 닮음비가 2배인 직사각형의 넓이는 $4(=2^2)$배가 된다.

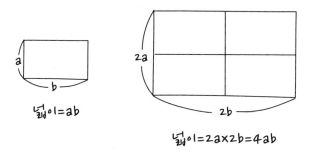

넓이=ab

넓이=2a×2b=4ab

이러한 발견을 '두 닮은 직사각형의, 대응하는 길이의 비가 $1:r$ 이면 그 넓이의 비는 $1:r^2$이 됨'으로 일반화할 수 있다.

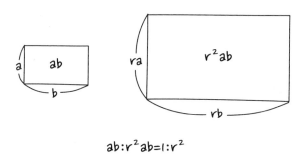

$ab:r^2ab=1:r^2$

여기에 극한개념을 적용한다면 결과를 곡선도형으로 확대할 수 있다.

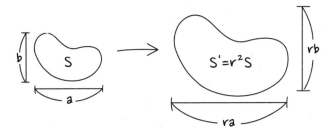

그림과 같이 곡선도형 S를 r배 확대한 도형은 그 넓이가 마찬가지로 S의 r^2배가 된다. 이를 증명하기 위해 우선 S를 직사각형들 S_1, S_2,…로 세분한다. 이제 $S=S_1+S_2+S_3+\cdots$인 도형을 r배 확대했다고 가정하자. 그러면 도형 내부의 작은 직사각형들(S_1, S_2,…)도 모두 가로 세로 길이가 r배, 즉 $S_1 \rightarrow r^2 S_1$, $S_2 \rightarrow r^2 S_2$,…이므로 확대된 도형의 전체 넓이는 $r^2 S_1+r^2 S_2+r^2 S_3+\cdots=r^2(S_1+S_2+S_3+\cdots)=r^2 S$가 된다. 이러한 결과로부터 임의의 도형의 길이가 r배 되면 넓이는 r^2배 된다는 일반적 결론을 얻을 수 있다.

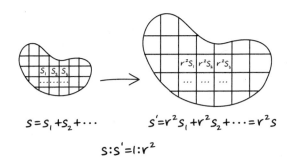

닮은 입체도형의 부피의 관계는 제곱이 세제곱으로 변할 뿐 원리는 모두 동일하다.

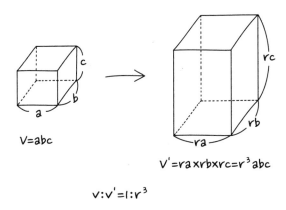

$V=abc$

$V'=ra \times rb \times rc=r^3abc$

$v:v'=1:r^3$

닮음비는 닮은 도형들 사이에서 유지되는 길이, 넓이 그리고 부피의 불변성(규칙)이다. 다음 문제를 보자.

A4지는 그 넓이가 A3지의 절반이다. A3지를 A4지로 축소복사하려 할 때, 복사기 화면에 나타나는 71%라는 수치의 의미는 뭘까?

A3지와 A4지는 닮은 도형들이다. 이때 대응하는 길이의 비를 $1:x$라고 하면 넓이의 비는 $1:x^2$이 된다. 이제 두 종이의 넓이의 비가 $1:\frac{1}{2}$이므로 $1:x^2=1:\frac{1}{2}$에서 A3지에 대응하는 A4지의 길이 x는

등식 $x^2 = \frac{1}{2}$ 을 만족한다.

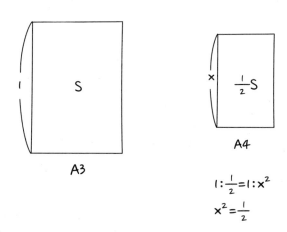

즉 $x = \frac{1}{\sqrt{2}} \approx 0.71\,(\sqrt{2} \approx 1.414)$이 되어 71%라는 수치의 정체가 드러난다. 소소한 일상 속의 기하학이다.

18세기에 스위프트^{J. Swift}가 쓴 영국의 사회풍자 소설인《걸리버여행기(*Gulliver's travels*)》를 보면 걸리버가 여행 중 도착한 소인국 사람들이 걸리버보다 키가 12배만큼 작았는데 걸리버의 식사로 자신들의 1,728인분을 가져온다는 재미있는 내용이 나온다. 1,728은 12의 세제곱이다($12^3 = 1,728$). 인간의 형체는 유사하므로 소인국 사람과 걸리버를 닮은 입체도형으로 간주할 때, 길이가 12배면 부피가 그 세제곱 배만큼이라는 것을 소설가인 스위프트는 정확히 알고 있었다. 음식량은 덩치(부피)에 비례할 것이므로 1인분의 1,728배가 필요할 수밖에 없다. 이 생각을 좀 더 응용한 것이 다음 문제다.

한창 자라는 어린아이가 몇 개월만 지나도 몸무게가 큰 폭으로 달라지는 이유 를 기하학으로 설명해보자.

어릴수록 성장이 빠르다. 키가 45cm였던 아이가 55cm가 되는 데는 그리 오랜 시간이 걸리지 않는다. 아이(입체도형)가 좀 더 큰 아이로 성장했다고 할 때, 대략적으로 아이의 전과 후를 닮은 입체 도형으로 간주해도 큰 무리가 없다.

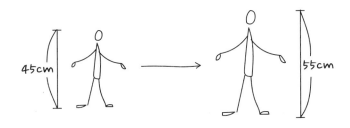

이때 전과 후의 길이(키)의 비는 $45 : 55 = 1 : \frac{55}{45} \approx 1 : 1.22$이다. 따라서 변환 전과 후의 부피 비는 $1 : 1.82(\approx(1.22)^3)$가 된다. 사람의 체

중은 부피에 비례하므로(덩치가 클수록 무거우므로) 키가 1.22배 커지면 몸무게는 그 세제곱인 1.82배, 즉 거의 두 배 가까이 증가한다고 생각할 수 있다.

실험에 따르면 근육의 힘은 근육의 단면적의 크기, 즉 근육의 겉넓이에 달려 있다고 한다. 이 결과는 어떤 동물이 길이가 2배가 될 때 체적(무게)은 8배가 되지만 근육의 힘은 4배가 되어 힘은 체중의 절반이 된다는 사실로 이어진다. 체중(세제곱)과 근육의 힘(제곱)과의 이러한 격차는 동물의 길이가 커질수록 더 많이 벌어질 수밖에 없다. 거꾸로 말한다면 길이가 작은 동물일수록 체중과 근육의 힘의 격차가 작다. 이것이 길이가 매우 작은 개미나 쇠똥구리가 자기 체중의 몇 배나 되는 물건을 지고 거뜬히 움직일 수 있는 이유 중 하나다. 이와 같이 현상을 과학적으로 이해하는 데 있어서도 기하학은 유용하게 사용된다.

| 3 |
정의는 정의하기 나름

우리에게 많은 것을 설명해주는 수학의 이러한 힘은 추론의 힘으로 이루어진 것이며, 추론은 그 시작점인 정의에서 비롯된다. 요컨대 모든 지식은 기본 정의에서 나온다. 그렇다면 정의는 누가, 어떤 과정을 통해서 만드는 걸까? 여기에 대한 정답은 '딱히 정해진 것이 없다'이다. 정의는 하늘에서 떨어진 것이 아니라 사람의 필요에 따라 만들어지는 것이다. 다만 정의는 그 정의되는 대상의 모든 것을 감싸 안아야 하기 때문에 만들기까지 시간이 걸리고 다각도의 경험과 분석이 필요하다. 그리고 특정 대상에 대한 정의가 유일할 필요도 없다. 보다 좋은 정의가 나타나면 기존의 정의를 바꾼 경우도 수학의 역사에서는 매우 흔한 일이다.

추론과 지식의 형성 과정에서 가장 중요한 정의의 구성이 이렇게 유동적이라는 사실이 이해되면서도 어쩐지 허탈하게 느껴질 수도 있다. 하지만 이는 우리의 사고를 한 차원 열어주는 중요한 단서가 될 수 있다. 정의의 구성이 유동적이라는 말은 주어진 정의를 받아들이는 데서 한 걸음 나아가 스스로 정의를 만들어보고 이를 토대로 새로운 지식을 만들어보는 주체적 경험을 하는 일이 가능하다는 말이기 때문이다.

평행사변형은 무엇일까?

평행사변형이란(?)

평행사변형이 무엇인가라는 질문에 답하는 것은 바로 평행사변형을 정의하는 것이며, 이는 모든 평행사변형을 관통하는 본질을 잡아내는 것이다.

평행사변형을 많이 그려보고 그 속에서 변하지 않은 그 무엇을 찾아본다면, 우선 '마주 보는 두 변이 서로 평행하다(정의1)'를 정의로 할 수 있겠다는 생각이 든다.

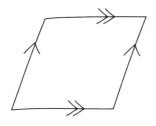

평행사변형
=마주 보는 두변이 평행한 도형

이것은 평행사변형의 정의로 합당하다. 하지만 이 정의에 따르면 마주 보는 두 변이 모두 평행한지 확인해야만 해당 도형을 평행사변형으로 규정할 수 있다. 확인 과정이 다소 번거롭다는 생각이 들수 있다. 보다 간단한 정의가 없을까 찾는 과정에서 '마주 보는 한변이 평행하고 그 길이가 같다(정의 2)'를 정의로 해볼 수도 있겠다.

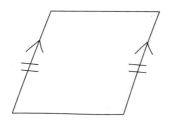

평행사변형
=마주 보는 한 변이 평행하고 길이가 서로 같다

실제로 정의 1과 정의 2 둘 다 평행사변형의 정의가 될 수 있다. 재미있는 것은 정의 1을 정의로 채택하면 그로부터 정의 2가 증명된다는 사실이다(거꾸로 정의 2를 정의로 채택하면 그로부터 정의 1이 증명된다. 즉 정의 1과 정의 2는 서로 동등(equivalent)하다). 어쩌면 새로운 정의 3을 만들면 그로부터 정의 1, 2를 모두 유도할 수도 있을지 모른다. 중요한 것은 어떤 정의가 더 옳으냐가 아니라 자신의 생각으로 정의를 만들어보고 그로부터 문제를 해결하는 경험을 하는 것이다.

정의를 할 수 있는 능력을 추상화(abstraction) 능력이라고 한다. 구체적인 대상들에 대한 여러 가지 관찰과 사색을 통해 정의를 만들어보고(추상화) 그에 근거한 새로운 지식을 구성해나가는 것(추론)이 모든 지식의 형성 과정이며 동시에 문제해결 과정이다.

따라서 제대로 된 문제해결자라면 문제 상황을 만났을 때, 먼저 기초를 형성하는 개념들이나 사실들 속에 바탕하고 있는 정의를 물을 줄 알아야 한다. 그런 의미에서 우리가 인생을 살면서 위기가 닥칠 때, '삶이란 도대체 뭔가?', '나는 누군가?' 하는 근본적인 질문을 던지게 되는 것은 인간적이면서도 동시에 매우 논리적인 문제해결 과정이자 원리라고 말할 수 있겠다. 사회적 차원에서도 마찬가지다. 바다에서 사고가 나서 많은 사람이 사망했다면 승객의 안전을 책임 진 선원들이 자신의 책임을 다했는지, 구조하러 온 요원들이 역할을 했는지, 관련법은 문제가 없었는지 등을 따지는 것도 바로 정의 차원에서 먼저 접근하는 태도이다. 이 과정에서 정의 (행동수칙, 관련법 등)가 부실했다면 개선해야 하고 정의에 문제가 없는데 그것을 지키지 못했다면 정의에 근거해서 합당한 사후 조치가 이루어져야 한다. 적어도 논리와 이성을 존중하는 사회라면 그렇다.

수학적 사고는 이렇듯 현실의 문제 상황과 깊이 연결되어 있으며 그 해결에 근본적인 역할을 한다.

| 4 |
'같음'에 대한 새로운 정의가 만들어낸 기하학, 위상수학

앞서 두 삼각형의 합동(즉 같다)을 '하나를 옮겨서 다른 하나에 정확히 포갤 수 있다'로 정의했다. 이 정의는 사실상 대응하는 변의 길이와 각이 모두 같다(6개 요소)는 의미다. 결국 두 도형의 합동, 즉 같음은 길이와 각도의 같음이며, 이는 측량(measurement)을 전제로 한다.

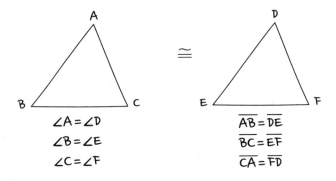

$$\angle A = \angle D$$
$$\angle B = \angle E$$
$$\angle C = \angle F$$

$$\overline{AB} = \overline{DE}$$
$$\overline{BC} = \overline{EF}$$
$$\overline{CA} = \overline{FD}$$

하지만 측량을 전제로 하지 않고도 도형의 같음을 이야기할 수 있다. 다음의 두 사다리를 보자.

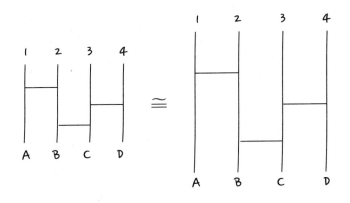

사다리 A와 사다리 B는 '같다'. 이때의 같음은 연결 상태를 말하는 것이며 측량을 전제하지 않는다. 지하철 노선도 등을 볼 때 우

리는 노선도 그림 속에 있는 도형의 길이나 각도를 고려하지 않으며 연결 상태만을 본다. 사람마다 모두 글씨체가 조금씩 다르지만 특정한 글자를 '같은' 글자라고 알아볼 수 있는 이유는 연결 상태가 같기 때문인 것과 같다. 연결 상태는 구조, 즉 뼈대와 관련된다. 이런 사례들을 통해서 길이, 각도, 넓이, 부피 등 측량과 관련된 요소를 배제하고 연결 상태만을 고려하여 같음과 다름을 새로이 정의할 수 있다는 생각이 가능해진다.

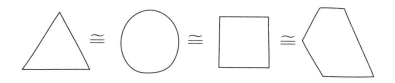

연결 상태만을 보았을 때 상기의 도형들은 모두 '합동'이다. 다시 말해서 '같다'. 끈으로 바닥에 삼각형을 만들었다가 끈을 주물럭거려서 원을 만들 수 있다. 이런 시각에 따르면 '도형 A를 자르거나 붙이지 않고(즉 연결 상태를 바꾸지 않고) 그 모습 그대로 주물럭거려서 B로 바꿀 수 있을 때' A와 B는 같은 도형이다. 이것은 같음에 대한 새로운 정의다. 지식은 정의에 의거해서 만들어진다고 앞서 말했다. 이 정의를 입체에 적용해보자.

다음의 입체들을 '같다'고 말할 수 있을까?

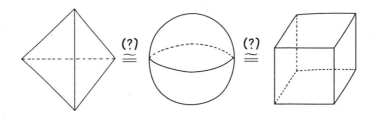

정답은 '그렇다'이다. 찰흙으로 사면체를 만든 다음 떼어내거나 붙이지 않고 그 상태 그대로 주물럭거리면 구로, 다시 육면체로 바꿀 수 있기 때문이다. 새로운 정의가 우리 속에 잠자고 있던 직관을 새로운 방식으로 서로 연결해주면서 새로운 세계로 이끌어내고 있는 것이다. 직관은 진화한다. 그리고 역사는 계속된다.

'같음'은 대상들 속에 뭔가 불변하는 요소가 있음을 의미한다. 그렇다면 이렇게 육면체와 사면체와 구의 연결 구조가 같다는 것을 수치적으로 보장하는 것이 무엇일까. 다시 말해서 하나를 주물럭거리며 다른 하나로 바꾸는 과정에서 변하지 않는 양(invariant)이 있다면 그게 뭘까?

앞서 살펴보았던 내용(개연추론, 연역추론) 중에 기둥과 뿔 사이에 공통적으로 성립하는 것이 하나 있었다. 바로 $V-E+F=2$였다.

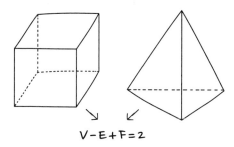

$$V-E+F=2$$

　두 도형은 구와 '같다'. 그렇다면 V−E+F는 구에서도 같을 가능성이 있다. 나아가서 주물럭거려서 구로 만들 수 있는, 즉 구와 같은 모든 입체들의 V−E+F는 항상 2가 아닐까 하는 창조적인 의심이 든다. 수학자들은 이러한 기대가 사실이며 나아가서 구를 포함해서 구로 연속적 변형이 가능한 모든 입체들은 V−E+F=2임을 증명했다.[8]

　또한 이 결론은 구로 연속적 변형이 불가능한 입체의 V−E+F는 2가 아닐 것이라는 암시를 준다. 구로 변형 불가능한 입체는 어떤 모양일까? 찰흙을 생각해보라. 속이 찬 어떤 입체를 쥐도 구로 만들 수 있다. 다시 말해서 속이 차지 '않은' 것은 구로 만들 수 '없다'. 즉 가운데 구멍이 나 있는 것은 절대로 연속 변형으로 구로 못 만든다.

• • • •

8　《토폴로지 入門》(김용운 지음, 祐成文化社, 1995)의 149~150쪽을 참고하라.

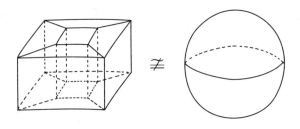

가운데 구멍이 난 상기의 입체는 도넛 모양으로 연속 변형 가능하며, 따라서 자신들끼리 V−E+F의 수치가 같을 것이다. 천천히 계산해보면 0임을 알 수 있다.

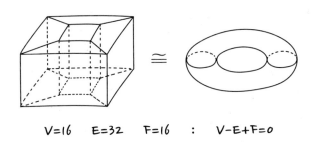

$$V=16 \quad E=32 \quad F=16 \quad : \quad V-E+F=0$$

이상의 사실들에서 연속적으로 변형 가능한 도형을 같은 것으로 정의할 때, 그 같음의 실제 내용이 V−E+F의 값과 관련이 있고 따라서 이를 계산함으로써 연결 상태가 같은 도형끼리의 분류가 가능할 수 있겠다는 판단이 가능해진다.

포르투갈의 마젤란^{F. Magellan}이 출항했던 배는 그 옛날, 지구를 한 바퀴 돌아옴으로써 지구가 구형이라는 것을 증명했다(라고 교과서에 나온다). 19세기 말, 20세기 초에 활약한 프랑스의 대수학자(great mathematician) 푸앵카레^{A. Poincar}는 마젤란의 항해만으로 지구가 구형이라는 보장은 없다고 말했다. 기껏해야 다음의 여러 가지 후보(구, 구멍이 하나 있는 도넛, 구멍이 여러 개인 도넛 등…)들 중 하나라는 것이다.

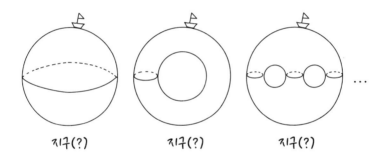

지금이야 우주선을 타고 지구 밖으로 나가서 지구를 볼 수 있지만 푸앵카레가 살았던 시대에는 그게 불가능했다. 따라서 마젤란의 성과를 딛고 선 푸앵카레의 문제의식은 지구 위에 살고 있으면서, 다시 말해 지구를 볼 수 없는 상태에서 그 모습을 어떻게 알 수 있을까 하는 것이었다.

이 문제를 해결하는 과정이 위상수학(topology) 역사의 중요한 축을 이룬다. 위상수학이란 연결 상태와 구조를 다루는 수학의 분야로 기나긴 수학의 역사에서 매우 뒤늦게 등장한 영역이다. 기하학에서 출발했지만 구조(뼈대)를 다루기 때문에 과학, 논리학, 예술 등 다양한 영역에 걸쳐 큰 영향을 주고받는 중요한 영역이다.

이상과 같은 푸앵카레의 문제의식에서 그때까지 이야기된 모든 같음을 포함한 더 넓은 같음의 세계와 그 기준들에 대한 폭넓은 성찰(새롭고 포괄적인 정의)을 하게 되고 그를 통해 얻은 결과(V-E+F의 값을 포함한, 도형의 연결 상태를 분류하고 이해하는 새로운 계산 규칙)를 사용해서 급기야는 우주의 모습까지 추측하고 파악하는 데까지 나아간다(우리는 결코 우주 밖으로 나갈 수 없지만 우주의 모습을 볼 수 있다. 기하학을 통해서).

지금까지 구체적 현상에서 문제를 발견하고 그것을 해결하는 과정에서 기본 정의가 만들어지고(넓이란? 부피란? 닮음이란? 합동이란? 등등) 그 정의로부터 현상이 체계적으로 정리(조직)되면서 지식이 만들어지는 과정, 그리고 그 지식을 바탕으로 새로운 문제가 제기되고 기존의 지식들이 새로운 문제해결 과정에서 서로 연결되면서 심화, 확장되는 과정을 살펴보았다. 또한 이러한 연역이 이루어지는 과정에서 유추나 귀납 등이 틈틈이 사용되는 것도 보았다. 이러한 전체 과정은 수학의 범위를 넘어서 모든 지식이 구성되는 보편적 패턴이라고 말할 수 있다.

기하학은 이와 같은 과정을 시각적(직관적)으로 명징하게 보여준다. 그림이 상황을 '전체적으로' 그리고 '동시적으로' 보여주기 때문에 문제해결 과정에서 조건들을 분석하고 필요한 지식들을 조합하는 통찰력이 다른 어떤 영역보다도 더 깊게 길러질 수 있는 것이다. 이 '통찰력'의 바탕에는 기하학 고유의 직관력이 작동한다. 수사관이 보드에 그림을 그려놓고 단서와 인물 들을 연결하면서 상상력을 발휘하며 상황을 정리하는 것도 기하학적 사고와 무관하지 않다.

도형의 세계를 탐구하는 기하학에서 추론과 그를 통한 지식 구성을 가능케 하는 기본 수단이 시각이라는 감각(직관)이었다면, 이제 들어가볼 대수학(algebra)은 추론의 수단으로 '문자'를 사용한 세계다.

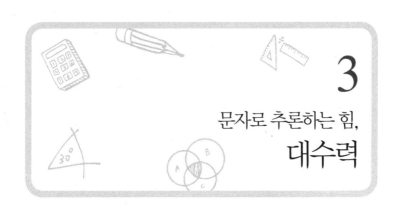

3

문자로 추론하는 힘,

대수력

1, 2, 3,···이라는 수는 추상화의 산물이다. 수 1은 한 사람, 나무 한 그루, 자동차 한 대 등을 추상화한 결과며 그 자체로 고등한 개념이다.

수학의 세계는 다른 어떤 영역보다도 추상화를 향한 동기가 강하다. 이는 역사의 어느 시점부터 1, 2, 3,···의 모든 수를 하나의 문자(예를 들어 *a*)로 대표(대신)해서 표기하는 방식으로 발전했다. 말하자면 추상화의 결과인 개별 수들을 다시 하나로 뭉뚱그려서 추상화한 것이다. 수학 시간에 문자를 처음 배우는 학생이 겪는 어려

움은 수학에서 사용되는 문자가 이러한 중층적인 추상화의 결과라는 사실에 근거한다. a라는 하나의 기호로 모든 수를 담아낸다는, 간단하지만 획기적인 발상은 이후의 역사를 바꾸어놓았다. 문자를 사용함으로써 서로 다른 개별적인 상황들을 하나의 식으로 모두 담아낼 수 있게 되었으며, 특정한 관계를 만족하는 수를 구해내는 일반적 방법(알고리즘)을 찾아낼 수 있게 되었다. 나아가서 수가 아니었던 일부 대상들까지 수처럼 다룰 수 있게 되었다.

| 1 |
수의 자리를 문자로 대신한
대수

대수(代數)라는 방법은 우선 복잡한 문장이나 관계를 간단하고 명료하게 표현할 수 있게 해준다. 예를 들면 다음과 같다.

수는 순서를 바꿔서 곱해도 그 결과가 같다 $\Leftrightarrow ab=ba$

섭씨온도에 $\frac{9}{5}$를 곱한 다음에 32를 더하면 화씨온도가 된다 $\Leftrightarrow$
$F=\frac{9}{5}C+32$

문자로 수를 대표(대신)한다는 의미에서 대수라고 불린 이 표기 방식은, 문제 상황과 결부되었을 때 간단명료한 전달력 이상의 힘을 가진다.

자연수(1, 2, 3,⋯)를 문자 n으로 나타낸다면 짝수(2, 4, 6,⋯)는 $2=2\times1, 4=2\times2, 6=2\times3,\cdots$이므로 모두 2×자연수 즉 $2n$으로 나타낼 수 있다. 즉 $2n$이라는 간단한 문자로 모든 짝수를 담아내는 것이다. 또 홀수는 짝수-1이므로 $2m-1$형태로 모든 홀수를 담아낼 수 있다.

짝수와 홀수를 각각 $2n$과 $2m-1$이라는 대수로 표기함으로써 다음과 같은 문제를 해결할 수 있다(n과 m이 꼭 같을 필요는 없다).

짝수와 홀수의 합은 항상 홀수인가?

$2+3=5, 8+3=11, 10+7=17$ 등 몇 가지 사례를 통해 계산해보면 옳다는 것을 확인할 수 있다. 하지만 그것은 귀납적 추측일 뿐 아직 증명은 아니다. 우리는 '모든' 짝수와 홀수의 합이 홀수임을 보여야 한다. 불가능할 것 같은 이 미션은 대수를 이용하면 해결된다.

짝수와 홀수의 합은 $2n+(2m-1)$형태이며 $2n+2m-1=2(n+m)-1=2\times$자연수-1이므로 항상 홀수이다. 홀수와 짝수의 합이 필연적으로 홀수가 될 수밖에 없음을 문자를 통해서 명확히 보여준 것이다.

수가 가진 일반적 성질을 밝혀내는 대수의 이러한 힘은 특수한 조건을 만족하는 수를 구해내는 데도 사용될 수 있다.

여기에 두 수가 있다. 그 합은 8이고 그 차가 3이다. 두 수는 얼마인가?

모든 수를 문자로 나타낼 수 있다. 따라서 구하고자 하는 두 수를 일단 a와 b로 나타낸다. 이 단계에서 a, b는 모든 수가 다 될 수 있다. 그런데 다음 단계에서 둘의 합이 8이고 차가 3이라는 제한이 가해진다. 이러한 제한을 문자로 표기하면 $a+b=8$, $a-b=3$이 된다. 여기에 오면 '두 수 a, b는 모든 수 중에서 특정한 조건을 만족하는 수'로 범위가 좁혀지는 것이다.

우리는 $a+b=8$, $a-b=3$이라는 두 식을 정리해서 a와 b를 찾아야 한다. 이 과정은 한 문자를 먼저 구한 다음에 나머지 문자를 구하는 방식으로 진행된다.

첫 번째 식에서 $b=8-a$이므로 이를 두 번째 식에 대입하면 $a-(8-a)=3$이 되어 $2a-8=3$, 즉 $a=\frac{11}{2}$이 되고 따라서 $b=8-\frac{11}{2}=\frac{5}{2}$가 된다.

$a+b=8$, $a-b=3$과 같이 특정한 조건을 만족하는 수를 포함하는 등식을 방정식(equation)이라고 부르고, 특정한 조건을 만족하는 문

자 a, b를 미지수(unknown)라고 부른다. 미지수는 모든 수가 될 가능성을 가지고 있지만 조건의 제약으로 인해 특정한 수(또는 수들)로 고정된 문자라고 볼 수 있다.

수를 문자로 표기하는 대수는 프랑스의 수학자 비에트 F. Viete에 의해서 16세기에 본격적으로 시작되었다. 지금이야 $x+y$ 같은 문자식이 이상하게 느껴지지 않지만, 수의 자리를 문자로 대체해서 일반적으로 다룬다는 것은 대단히 획기적인 발상이었다. 문자와 수는 사용되는 영역이 엄연히 구분되었기 때문이다. 감이 잘 안 온다면 15세기 조선에서 문자 대수를 발명해서 ㄱ×ㄴ=ㄷ+ㄹ과 같은 식을 사용했다고 상상해보라. '문자'로 수학을 하는 것을 가능하게 만든 대수라는 획기적인 발상 또한 인간이 가진 자유로운 사고의 힘이다.

| 2 |
대수적 문제해결의 두 단계, 번역과 변형

대수를 이용한 문제해결은 두 단계로 나눌 수 있다.

첫 번째 단계는 보통 언어로 되어 있는 문제를 대수식으로 간명하게 표현하는 단계다. 이 단계를 '번역'이라고 부르자. 문제 상황을 대수를 사용해서 나타내는 번역은 일상 언어를 기호로 대치하는 것이므로 기호화의 단계라고 볼 수 있다. 앞선 문제들에 적용된 번역은 다음과 같다.

짝수와 홀수의 합 $\Leftrightarrow 2n+(2m-1)$

두 수의 합과 차가 각각 8과 3 $\Leftrightarrow a+b=8, a-b=3$

다음 단계는 번역된 대수식을 주물럭거려서 답으로 만들어가는 과정이다. 이 단계를 '변형'이라고 부르자. 변형은 기호화된 대수식을 답으로 끌고 가는 연역의 과정이다.

$$2n+(2m-1) \to 2(n+m)-1$$

$$a+b=8, a-b=3 \to a-(8-a)=3 \to 2a-8=3 \to a=\frac{11}{2}, b=\frac{5}{2}$$

두 번째 단계인 변형에 필요한 지식은 크게 '이항'에 관한 것과 '묶음'에 관한 것으로 나눌 수 있다. 이항부터 살펴보자.

앞선 $2a-8=3$을 답으로 끌고 가는 변형은 다음과 같은 과정을 거친다.

$$2a-8=3$$

$\Leftrightarrow (2a-8)+8=3+8$ (양 변에 같은 수 8을 더한다.)

$\Leftrightarrow 2a=11$

$\Leftrightarrow \frac{1}{2}(2a)=\frac{1}{2}\times 11$ (양 변에 같은 수 $\frac{1}{2}$을 곱한다.)

$\Leftrightarrow a=\frac{11}{2}$

두 수가 같을 때, 양 변에 같은 수를 더해도 애초의 같음이 유지되며 같은 수($\neq 0$)를 곱해도 마찬가지라는 이항의 원리는 저울의 양 쪽에 무게를 달아서 균형을 맞추는 데서 착안했다고 한다. 이항의 원리는 문자를 사용하여 다음과 같이 일반적으로 나타낼 수 있다.

$$a=b \Leftrightarrow a+c=b+c$$

$$a=b \Leftrightarrow ac=bc \ (c\neq 0)$$

이항 이후에 작동하는 묶음의 원리는 이항과 긴밀하게 결부되어 있다. 앞선 식에서 양 변에 같은 수 8을 더한 후 $(2a-8)+8=2a+(-8+8)$로 묶는 방식을 달리했다. 또한 같은 수 $\frac{1}{2}$을 양변에 곱한 후 $\frac{1}{2}\times(2a)=(\frac{1}{2}\times2)a$로 묶는 방식을 바꾸었다. 이를 결합법칙이라고 부른다.

또한 $a-(8-a)$을 풀어서 $a-8+a$로 만든 다음에 $a+a-8$로 만드는 과정에서 더하는 순서를 바꾸었다($-8+a=a+(-8)$). 이를 교환법칙이라고 부른다.

이후에 $a+a-8$에서 $2a-8$로 변형되는 과정에서 $a+a$가 $(1+1)a$로 간단히 묶였다. 이를 분배법칙이라고 부른다.

이러한 묶음의 원리를 세 가지로 정리할 수 있다.

$a+(b+c)=(a+b)+c, a(bc)=(ab)c$: 결합법칙

$a+b=b+a, ab=ba$: 교환법칙

$ac+bc=(a+b)c$: 분배법칙

방정식 $2a-8=3$의 답이 $a=\frac{11}{2}$이며 다른 수는 될 수 없다는 판단의 밑바닥에는 이항과 묶음에 관한 원리가 작동하고 있는 것이다. 이 원리들은 구체적인 대수 문제를 해결하는 과정에서 인식되었으며 이후에 법칙으로 불리게 되었다.

이제 간단한 문제를 통해 번역과 변형의 단계를 연습해보자.

어떤 물건을 사는 데 1인당 은(銀) 6냥을 내면 6냥이 남고, 1인당 은 4냥을 내면 4냥이 부족하다. 사람 수와 물건 값을 구하여라.

이 문제는 17세기 조선의 산학자(수학자) 경선징慶善徵이 쓴《묵사집산법默思集算法》이라는 산학서 귀퉁이에 있는 것이다. 우리의 옛 조상들은 이 문제를 다음과 같이 대수를 사용하지 않는 방법으로 해결했다.

은 6냥을 낼 때와 4냥을 낼 때 1인당 금액 차이가 2냥인데 전체 금액의 차이는 10냥(남은 6냥과 부족한 4냥의 차이)이다. 한 사람당 내는 돈 2냥의 차이가 전체 금액 10냥의 차이를 불러오므로 사람 수는 5명이다. 그리고 금액은 6×5-6=24냥이다.

이 방법은 비례를 이용한, 기발하면서도 좋은 방법이지만 문제 상황에 따라 식을 구성하는 방법이 다를 수 있기 때문에 다음과 같이 대수를 이용한 체계적인 방법에 미치지 못한다.

문제에서 사람 수와 물건 값을 각각 a, b로 둔다(a=사람 수, b=물건 값). 제시된 두 조건들을 각각 대수 언어로 번역하면 다음과 같다.

1인당 은 6냥을 내면 6냥이 남는다 $\Leftrightarrow b=6a-6$

1인당 은 4냥을 내면 4냥이 부족하다 $\Leftrightarrow b=4a+4$

이제 번역된 두 대수식 $b=6a-6$, $b=4a+4$를 가지고 a, b를 구하는 일만 남았다. $b=6a-6$을 두 번째 식의 b 자리에 대입하면 $6a-6=4a+4$를 얻는다. 이제 이항과 묶음을 통해 $6a-4a=4+6$으로, 다시 $2a=10$으로, 최종적으로 $a=5$명(사람 수)이 나오고 이어서 $b=6\times5-6=24$냥(물건 값)이 따라 나온다. 이는 문제의 유일하고도 확실한 답이다.

대수식의 구성에 있어서도 개념이나 용어에 대한 정의는 중요하다. 다음 문제를 보자.

식염수 용액 20%짜리와 2%짜리 두 종류가 있다. 지금 8%짜리 식염수가 필요한데, 두 종류의 식염수를 어떻게 섞어야 만들 수 있을까?

이 문제의 해결은 8% 식염수를 만들기 위해서 20% 식염수에서 x(그램), 2% 식염수에서 y(그램)을 가져온다고 문자를 놓는 데서 시작된다.

농도(%)는 '전체 용액을 100그램이라고 가정할 때 그 속에 소금이 몇 그램이 있냐'이다(정의). 그렇다면 20% 식염수 x(그램) 안에 순수 소금은 몇 그램이 있을까? 20% 식염수는 소금물 전체를 100그램으로 가정했을 때 그 속에 소금이 20그램 있다는 의미다. 따라서 비례식 '100 : 20 = x : 소금량'이 성립하며, 소금량은 $x \times \frac{20}{100} = 0.2x$그램 있다. 같은 방식으로 2% 식염수 y그램 안에는 소금이 $y \times \frac{2}{100} = 0.02y$그램 있다. 이 둘을 섞으면 $(x+y)$그램의 식염수 속에 소금 $(0.2x + 0.02y)$그램이 있는 용액이 된다. 그런데 이 $(x+y)$그램의 식염수의 농도가 8%여야 하므로 소금의 양 $0.2x + 0.02y = (x+y) \times \frac{8}{100} = 0.08(x+y)$그램만큼 있어야 한다. 따라서 $0.2x + 0.02y = 0.08(x+y)$라는 등식이 만들어진다(번역 완료).

이제 구한 등식의 양 변에 모두 100을 곱해주면 식은 $20x + 2y = 8x + 8y$로 변형되며 적절히 이항하면 $y = 2x$를 얻는다(변형 완료). $x : y = 1 : 2$이므로 8% 식염수를 만들려면 20% 식염수와 2% 식염수를 1 : 2의 비율로 섞어주면 된다는 결론이 나온다.

복잡한 문제를 다룰 때는 번역과 변형의 과정에서 개연추론을 적절히 사용하기도 한다. 다음 문제를 보자.

어떤 모임에 온 사람들 모두가 서로 악수를 하였는데, 악수 횟수가 모두 55회였다고 한다. 사람들은 몇 명이겠는가?

우선 구하고자 하는 사람들의 수를 x라고 두고 x를 포함한 방정식을 구성하자. 단서는 악수 횟수가 55회라는 사실이다. 몇몇 작은 수치들을 통해 계산 패턴을 발견하고 익힌 다음(귀납), 일반적인 문자를 이용한 식을 만드는(연역) 순서를 취한다.

예를 들어 2명이 악수를 한다면 그 횟수는 굳이 고민할 필요 없이 1회다. 3명(a, b, c)이 악수를 한다면 한 사람당 2회씩 하게 되므로 세 명이 모두 $3 \times 2 = 6$회(ab, ac, ba, bc, ca, cb)한 것으로 여겨진다. 하지만 이 수치에는 동일한 두 사람의 악수(ab와 ba, ac와 ca, bc와 cb)가 이중으로 들어가 있다. 따라서 실제 악수 횟수는 $6 \div 2 = 3$회가 된다. 네 사람(a, b, c, d)이 악수를 한다면 한 사람당 3회를 하게 되어 네 사람이 $4 \times 3 = 12$회 한 것으로 여겨지지만 이 수치에도 동일한 두 사람의 악수(ab와 ba, ac와 ca, ad와 da, bc와 cb, bd와 db, cd와 dc)가 이중으로 들어가 있으므로 악수 횟수는 $12 \div 2 = 6$회가 될 것이다. 구체적인 수치들을 통해 발견한 이러한 패턴은 대수를 사용하여 다음과 같이 일반화할 수 있다.

사람이 x명이라면 한 명이 $x-1$회 악수하기 때문에 x명 전체의 악수 횟수는 $x(x-1)$회이지만 그중에는 두 사람의 악수가 이중으로 들어가 있으므로 실제 악수 횟수는 총 $\frac{x(x-1)}{2}$이다. 따라서 문제 상황은 $\frac{x(x-1)}{2} = 55$로 정리된다. 번역이 완료된 것이다. 이제 남은 것은 이 식의 변형이다.

이항과 묶음을 통해서 식은 우선 $x^2-x-110=0$으로 변형되는데 이전에 보지 못했던 제곱식(x^2)이 포함되어 있다(그래서 이런 방정식을 이차방정식이라고 부른다). 이차방정식은 다음과 같이 완전제곱꼴 변형이라는 고유한 방식을 통해 해결된다.

$$x^2-x-110=0$$
$$\Leftrightarrow x^2-x+(\frac{1}{4}-\frac{1}{4})-110=0$$
$$\Leftrightarrow (x^2-x+\frac{1}{4})-\frac{1}{4}-110=0$$
$$\Leftrightarrow (x-\frac{1}{2})^2=\frac{441}{4}$$
$$\Leftrightarrow x-\frac{1}{2}=\pm\frac{21}{2}$$
$$\Leftrightarrow x=11(명) \text{ 또는 } -10(명)$$

여기서 사람 수는 음수가 될 수 없으므로 $x=11$명만 취한다. 이러한 완전제곱꼴 변형은 대수를 이용하여 일반화할 수 있다. 우선 모든 이차방정식 문제는 대수식 $x^2+ax+b=0$으로 담아낼 수 있다. 그리고 이 방정식의 좌변인 x^2+ax+b를 다음과 같이 변형시켜줌으로써 해를 구할 수 있다.

$$x^2+ax+b=0$$
$$\Leftrightarrow \left\{x^2+ax+(\frac{a}{2})^2\right\}-(\frac{a}{2})^2+b=0$$

$$\Leftrightarrow (x+\tfrac{a}{2})^2-\tfrac{a^2}{4}+b=0$$
$$\Leftrightarrow (x+\tfrac{a}{2})^2=\tfrac{a^2}{4}-b$$
$$\Leftrightarrow x+\tfrac{a}{2}=\pm\sqrt{\tfrac{a^2}{4}-b}$$
$$\Leftrightarrow x=-\tfrac{a}{2}\pm\sqrt{\tfrac{a^2}{4}-b}$$

이와 같이 대수를 사용하여 개별 이차방정식이 아니라 '모든' 이차방정식, 즉 이차방정식 자체를 해결할 수 있다. 이러한 완전제곱꼴 변형의 원리는 등식 $(x+y)^2=x^2+2xy+y^2$에서 얻은 힌트를 바탕으로 x^2+ax를 $(x+\tfrac{a}{2})^2-\tfrac{a^2}{4}$으로 변형한 데서 비롯된 것이다.

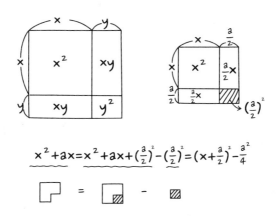

$$x^2+ax=x^2+ax+(\tfrac{a}{2})^2-(\tfrac{a}{2})^2=(x+\tfrac{a}{2})^2-\tfrac{a^2}{4}$$

이차식의 완전제곱꼴 변형과 같은 내용은 문제해결의 과정에서 생각해내기 어렵고 생각해낸다 하더라도 시간이 많이 걸리기 때문에 별도로 공식으로 만들어놓고 암기한다. 중요한 것은 공식의 내용을 정확히 이해한 다음에 암기해야 문제 상황에서 사용할 수 있다는 사실이다.

|3|
사고 과정을 계산 과정으로 바꾼
불 대수

문제 상황을 문자로 추상화하는 대수는 19세기에 와서 영국의 불 G. Boole에 의해 수가 아닌 대상에까지 확대 적용되었다.

기호논리학의 창시자로 불리는 불은 그리스의 아리스토텔레스처럼 인간 사고의 과정을 체계적으로 연구한 사람이다. 그는 아리스토텔레스보다 좋은 환경에 있었다. 19세기 초·중반은 대수학이 미지수를 구하는 문제풀이의 수단을 넘어서 덧셈과 곱셈이라는 연산의 성질에 대한 추상적 이해를 통해 대수학을 구조화하는 방향으로 진화, 발전하던 시기였기 때문이다. 불은 올바른 추론의 밑바닥에서 작동하는 법칙을 찾아내어 공식화하는 과정에서 수학의 문자 대수의 법칙을 적용한 사람이다. 그는 대수의 밑바닥에서 모든 문제해결에 작동하는 이항과 묶음의 원리에 주목했다.

$$a=b \Leftrightarrow a+c=b+c$$

$$a=b \Leftrightarrow ac=bc(c \neq 0)$$

$$a+(b+c)=(a+b)+c, a(bc)=(ab)c : 결합법칙$$

$$a+b=b+a, ab=ba : 교환법칙$$

$$ac+bc=(a+b)c : 분배법칙$$

불은 수에서 성립하는 이러한 원리를 수가 아닌 대상에도 적용할 수 있다고 생각했다(유추의 사고).

여기서 문제가 되는 것은 합과 곱이다. 합과 곱이란 수들끼리에서만 의미를 지니기 때문이다. 수가 아닌 대상의 합과 곱을 말하기 위해서는 합과 곱에 대한 새로운 해석(정의)이 필요했다.

이를 위해서 불은 우선 수 0과 1을 각각 거짓(성립하지 않음)과 참(성립함)에 대응시켰다. 그리고 여기에 기초해서 합 $x+y$를 'x 또는 y에 해당되는 대상'에, 곱 xy를 'x와 y에 공통적으로 해당되는 대상'에 대응시켰다. 문장의 세계에서 합과 곱을 새로이 '정의한' 것이다. 여기서 문자 x, y는 모든 것을 그 대상으로 포함할 수 있다.

0: 거짓, 1: 참

$x+y$: x 또는 y

xy: x 그리고 y

명제 '곰은 동물 또는 식물이다'의 진리값은 1+0=1(참)이 된다. 반면 '곰은 식물이면서 동물이다'의 진리값은 0×1=0(거짓)이 된다. 계산 결과와 추론 결과가 일치하는 것이다. 물론 '대한민국의 수도는 서울이거나 비둘기는 조류이다'의 진리값이 1+1=1(참)인 것처럼 수체계의 연산과 그 내용이 완전히 일치하지는 않는다. 어쨌든 이러한 새로운 정의는 명제들끼리의 관계를 대수적으로 '계산'함으로써 그 결과의 참, 거짓을 판정하고 이를 바탕으로 의미 있는 명제를 추론해내기 위한 목적으로 만들어진 것이다.

이상의 정의로부터 불은 이항과 묶음의 원칙이 수학이 아닌 추론에서도 작동함을 증명할 수 있었다. 우선 $x+y$와 $y+x$를 비교해보자.

x와 y는 각각 참과 거짓 중 하나이므로 그 진리값을 각각 a와 b로 두면 $x+y$의 계산 결과인 $a+b$와 $y+x$의 계산 결과인 $b+a$는 동일한 수이므로 $x+y=y+x$가 항상 성립한다. 마찬가지 방법으로 불은 다음의 법칙들이 모두 성립함을 증명했다.[9]

. . . .

9   증명은 어렵지 않다. 더 많은 기본 성질이 있지만 논의와 관련된 일부분만 소개한다.

$x+y=y+x, xy=yx$: 교환법칙

$x+(y+z)=(x+y)+z, x(yz)=(xy)z$: 결합법칙

$x(y+z)=xy+xz$: 분배법칙

불 대수에서 'x의 부정(x 아님)'은 어떻게 나타낼 수 있을까?

x가 참(=1)이면 그 부정은 거짓(=0)이고 반대로 x가 거짓(=0)이면 그 부정은 참(=1)이므로 진리값이 1만큼 차이가 난다. 즉 x와, x가 부정인 진리값을 더했을 때 항상 1이 된다. 따라서 $1-x$로 x의 부정을 정의한다면 논리적 의미와 수치적 계산이 정확히 합치된다 ($x+(1-x)=1$). 준비가 끝났다.

이러한 준비를 바탕으로 문장(명제)의 기본 형태인 '주어-술어' 구조인 'a는 b다'의 형태를 합과 곱으로 번역할 수 있다.[10]

앞선 삼단논법 부분에서도 언급한 바 있지만 'a는 b다'의 의미는 '모든 a는 항상 b'라는 의미다(예를 들어 '모든 인간은 죽는다'). 그렇다면 'a는 b다'를 부정을 이용하여 'a이면서 동시에 b가 아닐 수는 없다'(예를 들어 '인간이면서 죽지 않을 수는 없다')로 모양을 변형시킴으로써 등식 '$a \times (1-b)=0$'으로 번역할 수 있다. 같은 이유에서 'a는 b

• • • •

10   이하 불 대수를 이용한 삼단논법의 계산은 《수학의 언어》(케이스 데블린 지음, 전대호 옮김, 해나무, 2003)의 101~102쪽을 참고했다.

가 아니다'는 등식 '$a \times b = 0$'으로 번역된다.

a는 b다 $\Leftrightarrow$ a이면서 b가 아닐 수는 없다 $\Leftrightarrow$ $a \times (1-b) = 0$

a는 b가 아니다 $\Leftrightarrow$ a이면서 b일 수는 없다 $\Leftrightarrow$ $a \times b = 0$

이상의 내용을 바탕으로 다음 명제를 증명해보자.

a가 b이고 c는 b가 아니면 a는 c가 아니다.

대수식으로 바꾸면 $a(1-b) = 0$과 $cb = 0$으로부터 $ac = 0$을 끌어내는 문제다.

전제로부터 $a - ab = 0$, 즉 $a = ab$이므로 결론인 $ac = (ab)c = a(bc) = a(cb) = a \times 0 = 0$으로 해결된다. 논리적 관계에 따른 문장의 연결(연역)을 대수적인 계산을 통해 기계적으로 이루어낸 것이다. 불의 이러한 '논리 전개의 계산화'는 이후 컴퓨터의 탄생에 영향을 준다. 기계는 인간의 명령을 0 또는 1로 표현되는 디지털 신호로 받아들이는데, 이러한 명령(언어)이 모순 없이(논리적으로) 수로 번역되어 결론을 추론(계산)해낼 수 있는 시스템을 불 대수가 가능케 만들었기 때문이다. 구체적으로는 컴퓨터의 전자회로 설계 등에 사용된다.

문자를 통해서 문제 상황을 정리하고(번역) 이를 연역함으로써 답을 유도해내는(변형) 대수의 강력한 방법을 논리적 추론의 과정에 적용하여 합과 곱을 새롭게 정의하고 0과 1이라는 두 가지 수만으로 명제들의 연역의 과정을 계산 과정으로 환원한 불 대수(Boolian algebra)는 추상화를 지향하는 수학적 사고의 본질과 그 강력한 힘을 잘 보여주는 사례라고 말할 수 있다.

이러한 과정을 통해 수에 대한 정의가 달라지게 된다. 수가 먼저 있고 나서 그것들을 서로 곱하고 더하는, 즉 연산을 실행하는 것이 아니라 그 반대로 연산을 실행할 수 있는 대상이면 그것이 무엇이건 수로 불릴 수 있다는 전복적 정의다. 이 정의에 따르면 '연산 가능한, 즉 더하고 곱할 수 있는 모든 것'을 수로 부를 수 있다. 컴퓨터는 인간의 언어(일부이긴 하지만)를 수처럼 계산할 수 있다는 발상에서 시작되었다. 수학은 수를 다루는 학문이면서 동시에 더 많은 대상을 수로 보려는 인간의 노력이기도 하다.

'같음'을 새롭게 정의함으로써 우주의 생김새를 보려 한 기하학과, 합과 곱을 새롭게 정의함으로써 인간의 사고 과정을 보려 한 대수학은, 수학이 외적 환경을 탐구하는 자연과학과 인간의 내면을 탐구하는 인문과학의 모습을 모두 가진, 통합적 인간학임을 잘 보여준다.

지금까지 도형과 수라는 언어를 통해 문제가 논리적으로 해결되는 과정과 그를 통해 사고가 확장되고 깊어지는 과정을 각각 살펴보았다. 이제부터 살펴볼 함수와 미적분은 도형과 수라는 언어가 하나로 통합되는 세계다. 함수와 함수의 발전인 미적분을 통해 인간은 자신을 둘러싼 환경을 본격적으로 분석하고 이해할 수 있게 된다.

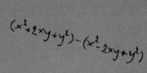
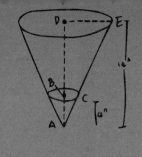
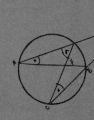
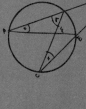

Part
2
—

수학의 확장
함수 · 미적분

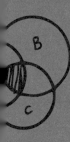

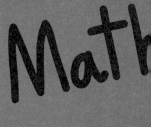

함수(function)는 긴 시간 동안 이루어진 기하(도형)와 대수(수)라는 숙성된 언어를 자연의 세계에 적용함으로써 자연의 복잡한 움직임 속에 존재하는 규칙성을 파악하려는 욕구에서 만들어진 개념이다. 즉 '변화의 규칙'이라는 생각이 함수라는 개념을 태어나게 한 산파다.

변화의 규칙은 변화하는 대상들 사이에 존재하는 불변의 관계를 의미한다. 함수 연구 초기인 16세기에 선구자들은 다양한 현상들을 탐구하면서 그 속에 존재하는 많은 함수들을 생각하고 발견하였다. 발견된 함수는 문자를 이용한 대수식으로 표현되었으며, 이는 다시 좌표를 통해 도형(그래프)으로 시각화되었다. 즉 함수라는 매개체를 통해 대수와 기하가 연결된 것이다.

이러한 성과를 딛고 이루어진 함수 연구는 X와 Y라는 대상들 '사이에' 존재하는 규칙(질서)을 파악하는 수단에서 X, Y라는 대상들 '속에' 존재하는 내적 구조를 파악하고 비교하는 수단으로 확장, 발전한다. 이 과정에서 전혀 다르게 보이는 대상들이 구조적으로 동일한 대상(현상)이라는 발견이 이루어졌다. 요컨대 함수라는 수학적 도구는 질서와 구조라는 틀로 세계를 이해하려는 노력의 산물이다. 모든 질서와 구조는 모종의 함수를 가정한다.

함수: 질서와 구조

함수의 두 가지 측면인 질서와 구조 중 질서, 즉 변화의 규칙 부분이 이끌어낸 아름답고도 강력한 과실이 미분과 적분이다. 미분과 적분은 모두 '변화'와 관련되어 있다.

17세기 후반에 들어오자 수학자들은 미시적인 레벨에서의 함수의 변화 정도, 즉 '얼마나 빨리 변해가는지'를 찾아내는 섬세한 규칙을 정의해내었다. 이것을 미분이라고 부른다.

미분: 변화 정도(얼마나 빨리 변해가는지) 구하기

인간은 함수를 미분함으로써 대상의 변화 정도를 알 수 있게 되며, 이는 세밀한 차원에서의 미래 예측과 그에 따른 대비로 이어질 수 있다.

애초에 미분과 무관하게 시작된 적분은 함수의 변화 총량, 즉 '얼마나 많이 변했는지'를 계산해내는 과정에서 정의된 규칙이다.

적분: 변화 총량(얼마나 많이 변했는지) 구하기

우리는 함수를 적분함으로써 변화 결과를 미세한 레벨까지 알 수 있으며, 이를 통해 복잡한 현상들의 정밀한 분석과 비교가 가능해진다.

변화 정도(미분)와 변화 총량(적분)은 서로 다른 개념이다. 그런데 적분을 명확히 정의하는 과정에서 미분과의 은밀하면서도 깊은 관련성이 발견되었다. 미분과 적분은 곱하기와 나누기처럼 서로 다르지만 하나를 할 수 있으면 그로부터 거슬러서 다른 하나도 할 수 있는 관계였던 것이다. 이로써 미분과 적분은 미적분이라는 단일한 개념으로 묶여서 불리게 되었다.

자연현상이든 사회현상이든 변화(움직임)가 없는 곳은 없다. 그런데 미적분은 변화가 있는 곳에서 대상이 어떻게 변해가는지 그리고 얼마나 변했는지를 알려준다. 요컨대 함수와 미적분이라는 개념을 통해 인간은 현상(자연, 사회) 세계를 명확히 대상화한 후, 그 흐름을 장악할 수 있게 된 것이다.

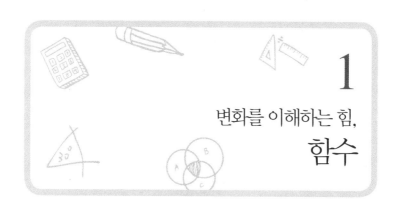

1

변화를 이해하는 힘,
함수

동서양을 막론하고 고대로부터 수학과 과학은 구분되는 영역이었다. 동양의 경우 수학은 천문 계산과 세금 수취 등 국가 경영에 중요한 수리적 원리를 제공하는 기술적 수단이었지만, 자연 현상의 배면에 흐르는 원리라는 생각은 거의 없었다. 우리나라가 포함된 한자문명권의 자연철학은 《주역周易》으로 대변되는 형이상학이었으며, 《주역》의 음양(陰陽) 원리에 기초하여 의학과 풍수지리 등의 과학이 발전되었던 것이다.

서양 문화의 원류라고 말할 수 있는 그리스 문화에서도 수학이 과학과 연결되지는 않았다. 자연이 수리적 근거를 가지고 움직인다는 피타고라스^{Pythagoras} 학파의 주장은 당시에 명멸했던 수많은 주장 가운데 하나였을 뿐이었다. 오히려 고대 그리스인들의 자연관은 동시대의 중국인들과 통하는 바가 많았다. 물로부터 시작된 탈레스를 위시한 많은 학자들의 원질론은 대자연을 살아 숨 쉬는 유기체로 보는 시각을 전제로 하고 있었기 때문이다. 엠페도클레스^{Empedocles}의 사원소설과《주역》의 음양론은 유사한 이론적 틀을 가지고 있다고 볼 수 있다.

그리스인들에게 수학은 과학이라기보다는 철학이었고 윤리학이었다. 플라톤이 수학을 중요시한 이유도 추상적 사고를 할 수 있는 능력의 배양에 궁극적 관심이 있었을 뿐이다. 유클리드의《원론》또한 수학책이라기보다는 사유의 보편적 원리의 제시라는 목적으로 쓰여진 철학책이라고 보는 것이 합당하다. 그래서 제목이 '기하학 원론'이 아닌《원론》이었던 것이다. 이러한 플라톤과 유클리드의 철학을 바탕으로 아르키메데스가 자연현상을 수학적으로 해석하는 전통을 시작했으나 그의 사후 명맥이 끊어졌다. 고대 그리스와 로마의 과학은 의학을 포함한 생물학의 색깔을 보다 많이 가지고 있었다. 수학이 외적 세계와 본격적으로 연결되려면 시간이 필요했다.

플라톤, 피타고라스 그리고 유클리드, 아르키메데스 등에 의하여 시작된 그리스 수학은 갈릴레오^{Galileo}로부터 부활되었다. 그는 '자연은 수학이라는 언어로 쓰여진 책이다'라는 말을 남겼는데, 이는 17세기의 시대정신을 상징적으로 나타내는 말로서 수학이 자연의 질서를 이해하는 강력한 수단으로 역사의 전면에 새롭게 등장했음을 알리는 신호탄이 되었다. 갈릴레오를 비롯한 17세기의 자연철학자들에게 있어서 자연은 본질을 함축한, 불변의 그 무엇, 더 이상 성스러운 관조의 대상이 아니라 마구 움직이며 변화하는 세속적인 그 무엇이었다. 움직임, 즉 변화에 대한 적극적인 이해의 욕구로부터 근대 수학은 시작한다.

그리스 수학자들이 변화를 무시하고 변하지 않는 영원한 대상에 집착하였다면, 근대의 수학자들은 현상의 변화를 변화 그 자체로 받아들이고 그 패턴을 적극적으로 탐구함으로써 미래를 예측하고 현실을 개변하려고 하였던 것이다. 함수의 개념은 인간이 세계를 관조하고 운명에 순응하는 존재가 아니라 이 세계의 구성에 참여할 수 있다는 적극적인 세계관의 바탕에서 탄생할 수 있었다.

| 1 |

독립과 종속으로
변화를 묶다

대부분의 변화는 임의적으로 일어나지 않고 안정성(규칙)을 가지고 일어난다. 이러한 변화에 대한 이해는 현상과 현상을 별개로 다루지 않고 하나의 틀로 묶어서 바라보는 방식으로 이루어졌다. 묶는다면 복잡한 현상이 보다 단순해질 수 있기 때문이다.

이와 같이 함수는 서로 다른 두 가지의 대상(현상)을 연결하여 통일적으로 이해하고자 하는 노력에서 나온 개념이다. 이러한 연결은 문자 대수의 등장과 좌표의 발명에 힘입어 이루어졌다.

가령 기차가 시간당 250km의 속도로 달리고 있다고 하자. 이때 경과 시간에 '따라' 기차의 이동거리가 결정된다. 속도(빠른 정도)를 $\frac{\text{이동거리}}{\text{경과시간}}$로 정의한다면 시간을 x(시간)로, 이동거리를 y(km)라는 문자로 대표함으로써 $\frac{y}{x}=250$, 즉 $y=250x$라는 대수식을 구성하여 기차의 움직임이라는 상황을 정리할 수 있다.

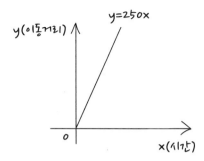

이같이 '어떤 양(x)이 변화함에 따라(f) 다른 양(y)이 변화할 때, 그 둘의 관계'를 함수라고 정의하며 $y=f(x)$라는 기호로 간략하게 표기한다. 움직이는 기차의 경우에 함수 $f(x)=250x$가 된다.

$$x \xrightarrow{\ f\ } y \Leftrightarrow f(x)=y$$

함수에서 x에 '따라서' y가 결정되므로 x를 독립변수, y를 종속변수라고 부른다. 이때 중요한 것은 독립변수(x)가 주어졌을 때, 종속변수(y)는 반드시 하나로 그 값이 결정된다는 사실이다. 이를테면 한 시간 후에 기차의 이동거리가 두 가지 값일 수는 없다. 요컨대 주어진 x값에 따른 y값은 유일해야 한다.

변하는 두 양 x, y가 있을 때, x의 값이 정해짐에 따라 y의 값이 유일하게 정해지는 관계가 있으면 y는 x의 함수이다.

이렇게 함수를 구성함으로써 x와 y라는 별개의 대상이, 관계된 '하나의' 구조로 통합된다.

함수는 수학의 영역에서만 사용되는 특수한 개념이 아니다. 가격의 변화에 따라 수요량이 달라진다면 둘 사이에 함수관계가 성립한다. 사람의 주거 환경에 따른 성인병 발생 빈도라는 개념으로 둘 사이의 함수관계를 발견할 수도 있다. 19세기 러시아의 생리학자 파블로프[I. Pavlov]는 자극과 그에 따른 반응이라는 패턴을 통해 동물의 행동을 규명하고자 하는 실험을 하는 과정에서 조건반사라는 개념을 수립하였다. 여기에는 자극이라는 독립변수와 반응이라는 종속변수의 개념으로 둘을 연결한 함수적 사고가 바탕하고 있다. 환자의 심박 상태를 수치로 나타내어 질병 상태와 정상 상태를 구별하려는 의학적 노력 또한 심장 상태와 수치를 연결하는 함수적 사고이며 살인 사건이 났을 때, 피해자가 사망하면 이익을 보는 사람이 생기고 따라서 그가 용의자가 될 수 있다는 생각도 피해와 이익을 하나로 연결하는 함수인 생각이다.

세상의 어떤 일도 단독으로 생겨나지 않는다. 어떤 사태도 다른 사태와의 관련 속에서 발생하며 또한 그렇기 때문에 다시 새로운 사태로 연결된다. 함수는 이렇게 현상을 개별적, 고립적으로 보지 않고 다른 사태와의 관계 속에서 바라보고 이해하려는 구조적 사고방식의 일종이다. 이웃나라 일본에서는 함수라는 용어 대신 관수(關數)를 사용하는데, 함(函)이 일본의 상용한자가 아니라는 사실 이외에도 관계를 강조한 용어로 볼 수 있다.

|2|
대수와 기하의 통일,
함수

함수를 구성하는 과정은 다양한 지식(일반 상식, 과학적·수학적 지식)과 그것을 적용할 수 있는 능력이 필요한 과정이다. 간단한 문제부터 시작해보자. 문제 속에 존재하는 함수 찾기다.

관찰에 따르면 고도가 1km 높아질 때마다 기온은 6℃ 내려간다. 지상 기온이 18℃라고 가정할 때, 둘(고도와 기온) 사이의 함수를 구하고 3℃가 되려면 고도 몇 m까지 올라가야 하는지 계산해보자.

고도(km)의 변화에 따라 기온(℃)이 변하므로 고도를 독립변수

x, 기온을 종속변수 y로 둘 수 있다. 이제 지상 기온이 18°C이며 지상에서 1km 올라갈 때마다 지상의 기온에서 6°C만큼 줄어들기 때문에 $x$km 올라가면 기온은 $6x$(°C)만큼 떨어진다(비례관계). 따라서 고도와 기온의 관계를 $y = 18 - 6x$라는 함수로 엮을 수 있다.

이제 온도(y)가 3°C가 되려면 방정식 $18 - 6x = 3$을 풀면 된다. 여기서 구하는 고도 $x = \frac{15}{6} = 2.5$km, 즉 지상에서 2,500m 높이임을 알 수 있다. 현상의 규칙을 찾고 원하는 답을 구하는 과정에서 함수가 자연스럽게 방정식으로 연결됨을 볼 수 있다.

함수적 사고는 과학적 발견과도 관련이 깊다. 예를 들면 낙하하는 물체의 이동거리가 시간에 따라 변화하는 방식을 연구하여 얻은 이차함수(최초의 함수)가 있다. 또한 인간의 감각이 자극에 따라 변화하는 방식을 관찰하여 얻은 베버-페히너의 법칙Weber-Fechner's law은 로그함수로 표현되며 방사선 동위원소의 시간에 따른 질량의 변화는 지수함수로 표현된다. 이 밖에도 수많은 과학적 발견들이 함수라는 방식으로 이루어지고 있다. 우리도 한번 구성해보자.

관찰에 따르면 고정된 광원으로부터 거리가 멀어질수록 빛의 밝기는 약해진다. 즉 광원으로부터의 거리(x)와 빛의 밝기(y) 사이의 함수관계를 생각해볼 수 있다.

빛은 고정된 광원으로부터 모든 방향으로 나아간다. 그 하나
하나의 빛 알갱이를 한 점이라고 가정할 때, 광원으로부터 일정
한 거리 x만큼 떨어져 있는 모든 점들은 반지름의 길이가 x인 구
의 겉넓이만큼 있다(반지름의 길이가 x인 구의 겉넓이는 $4\pi x^2$). 이제 광
원으로부터 거리가 2배, 즉 $2x$일 때, 빛이 도달하는 영역의 넓이는
$4\pi(2x)^2 = 4 \times 4\pi x^2$만큼 있다. 이 값은 광원에서 거리가 x일 때 빛이
도달하는 영역의 넓이인 $4\pi x^2$의 4배가 된다. 따라서 밝기는 $\frac{1}{4}$배만
큼 줄어들 것이다.

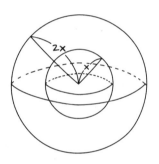

만약 광원에서 거리가 3배만큼 멀어진다면 빛이 도달하는 영역
이 9배가 되므로($4\pi(3x)^2 = 9 \times 4\pi x^2$), 밝기는 $\frac{1}{9}$만큼 줄어들 수밖에 없
다. 즉 빛의 밝기(y)는 광원으로부터의 거리(x)의 제곱에 반비례하
는 것이다. 이 사실을 $y \propto \dfrac{1}{x^2}$로 간단히 나타낼 수 있다. 여기서 다시
우리는 함수식 $y = \dfrac{k}{x^2}$를 얻는다(비례상수 k는 단위값들을 대입하여 구할

수 있음).

이 결론을 바탕으로 빛의 밝기뿐만 아니라 '고정된 원천에서 모든 방향으로 발산되는 물리량(예를 들어 중력과 전기력, 자기력 등)은 모두 거리의 제곱에 반비례할 것'이라는 유추가 자연스럽게 가능해진다(물론 증명은 별개의 과정이다).

대수적으로 표현된 함수 $y=f(x)$는 다음과 같이 그래프(도형)로 나타낼 수 있다. 상기의 함수들 $y=18-6x$와 $y=\dfrac{k}{x^2}(k>0)$는 좌표라는 틀 속에서 직선과 곡선이라는 도형으로 표현된다.

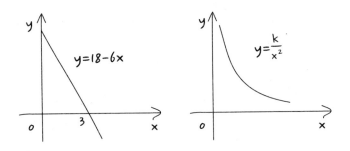

이러한 그래프는 대수적 관계를 기하학적으로 나타낸 것으로 x와 y의 관계를 시각화함으로써 직관적으로 이해하기 쉽게 만들어준다. 서로 구분되는 영역이었던 기하학과 대수학이 함수라는 매개체를 통해 소통할 수 있게 된 것이다.

|3|
변화를 넘어선 함수:
독립, 종속에서 대응으로

최초의 함수는 낙하하는 물체의 이동거리가 어떻게 변화하는지를 이해하는 과정에서 시간과 이동거리를 연결하는 발상으로부터 시작되었다. 이를 시작으로 '독립변수 x에 따른 종속변수 y의 변화 규칙'이라는 개념으로 현상을 이해하는 함수적 사고가 태동했으며, 많은 현상들을 함수라는 추상 개념으로 이해하고 분석할 수 있게 되었다.

이러한 발전은 다시 함수 개념 자체의 확장을 이끌었다. 변화의 규칙을 구하기 위한 개념인 독립변수와 종속변수라는 개념에서 벗어나 보다 넓은 함수 개념을 세운 것이다. 예를 들어 자판기에 돈을 넣고 버튼을 누르면 음료가 나온다. 이때 투입되는 돈(x)과 나오는 음료(y)가 연결된다. 재미삼아 하는 사다리 타기의 경우도 함수로 볼 수 있다. 시작점(x)과 끝점(y)이 사다리라는 규칙을 타고 관계 지어지기 때문이다.

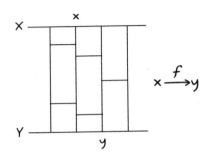

이런 경우들을 포함하면서 '변화하는 x에 따라서 y가 변하는 것' 이라는 기존의 정의를 'x라는 대상과 y라는 대상이 연결되는 규칙' 으로 폭넓게 해석해서 독립변수라는 용어 대신에 x의 전체 모임(집합)을 정의역(domain), 종속변수라는 용어 대신에 y의 전체 모임을 공역(codomain)이라고 부르기로 했다. 그리고 독립과 종속이라는 강한 표현을 지양하고 x와 y 사이의 연결을 '대응(correspondence)'이라는 용어로 폭넓게 표현하기로 했다. 대응은 종속을 포함한, 보다 넓은 개념이다. 이전보다 많은 대상들이 함수라는 개념 속으로 들어오게 되면서 함수 개념이 진화한 것이다.

이러한 진화의 결과로 함수는 자연현상의 규명이라는 원래의 목적을 넘어선 새로운 기능을 할 수 있게 된다. 정의역(X)과 공역(Y) 이라는 집합 사이의 관계를 이해하는 과정에서 시작된 '구조'의 발견이 그것이다.

유치원 발표회에서 남자 아이들과 여자 아이들이 섞여서 춤을 추고 있다. 두 그룹 중 어느 쪽의 수가 더 많은지 알기 위해서 할 수 있는 가장 간단한 조치는 무엇인가?

문제를 읽고 '남자 아이의 숫자를 세고 여자 아이의 숫자를 마찬가지로 센 다음 두 수를 비교하는 것'을 생각했다면 문제를 올바로 이해하지 못한 것이다(물론 이것도 하나의 대답이 될 수는 있다). 이 문제의 본질은 두 그룹 각각의 수가 몇이냐가 아니라 '어느 쪽이 더 많은가'이다.

어느 한쪽이 더 많다는 것은 두 그룹의 머리 수가 같지 않다는 의미가 된다. 그렇다면 두 그룹의 머리 수가 같다는 것은 무엇을 말함인가? 그것은 두 그룹의 구성원들 사이에 일대일로 '대응' 관계가 성립한다는 의미다. 따라서 취할 수 있는 가장 간단한 조치는 다음과 같다.

남학생과 여학생은 한 명씩 짝지어서 서로 끌어안으세요.

만약 남는 아이가 없다면 두 그룹의 수는 같은 것이며, 남는 쪽이 있다면 그쪽이 남는 수만큼 많다. 우리는 여기서 대소를 비교하는 가장 근본적인 방법인 일대일대응(one-to-one correspondence)이라는 개념과 만나게 된다. 일대일대응은 두 집합 사이에 존재하는 대응, 즉 함수의 일종이다. 상식적 결론이라고 볼 수 있는 이 내용을 다음과 같이 정리할 수 있다.

두 집합 X와 Y의 원소 사이에 일대일대응이 존재한다면 집합 X에 속하는 원소와 집합 Y에 속하는 원소의 개수는 같다.

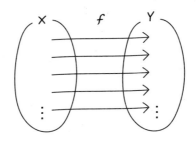

요컨대 (일대일대응이라는) 함수를 통해서 두 집합 사이의 원소의 개수를 비교할 수 있다는 의미다.

칸토어[G. Cantor]라는 수학자는 자연수 집합과 그 부분집합인 짝수 집합의 원소의 개수가 서로 같다는 놀라운, 하지만 논리적인 결론에 도달했다. 일대일대응 $f(x)=2x$를 통해서다.

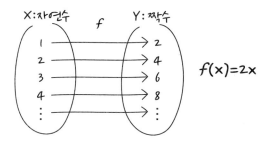

　　그는 독특한 일대일대응을 계속 찾아내면서 결국 자연수의 개수가 정수, 유리수의 개수와 같으며, 실수의 개수보다는 적다는 사실을 증명해낸다.[1] 실수의 무한함은 자연수의 무한함과 질적으로 다르다는 이야기다. 무한대끼리도 크고 작음이 있다는 이러한 결론은 다시 무한대 사이에 존재하는 계산 규칙의 탐구와 발견으로 이어졌다. 이러한 획기적인 결론은 모두 일대일대응이라는 함수의 발상에서부터 시작된 것이다. 칸토어는 '수학의 본질은 자유에 있다(Das Wesen der Mathematinik liegt in ihrer Freiheit)'라는 명언을 남겼다. 극한개념과 문자 대수에서 보았듯이 엄밀한 논리는 자유로운 상상력과 무관하지 않다.

・・・・
1　　상세한 내용이 궁금하면, 졸저 《수학, 철학에 미치다》(페퍼민트, 2014)의 153~161쪽을 참고하라.

|4|
대응으로부터 발견된
동형구조

일대일대응 f에 의하여 두 집합 X와 Y 사이의 원소의 개수가 같다는 사실이 밝혀졌다고 가정하자. 원소의 개수가 같다는 것은 두 집합이 일부 같은 성질을 가지고 있다는 의미다. 그렇다면 더 나아가서 두 집합 X, Y가 아예 수학적으로 완벽하게 동일한 구조를 가진 세계임을 보장하려면 f에 어떤 성질이 더 필요할까? 다시 말해서 사칙연산이 가능한 X와 Y라는 두 세계가 동일한 수학적 구조를 가진 세계라는 것을 보장하려면 X와 Y를 연결해주는 함수 f는 일대일대응 이외에 어떤 성질을 추가로 가진 함수여야 하는가의 문제다.

$x-y=x+(-y)$이고 $x \div y = x \times \frac{1}{y}$이므로 사칙연산은 사실상 합(+)과 곱(×)의 두 가지로 환원된다. 이해를 쉽게 하기 위하여 요리의 세계를 비유로 설명하겠다.

이제 두 세계 $X=\{x_1, x_2, x_3, \cdots\}$와 $Y=\{y_1, y_2, y_3, \cdots\}$를 연결한 일대일대응 f를 생각하자. X는 한식 세계로 각각의 x_i는 음식(한식)이라고 하고, Y는 양식 세계이며 마찬가지로 각각의 y_i는 음식(양식)이라고 하자.

음식의 세계는 기존의 음식을 재료로 해서 새로운 음식을 만들어내는 세계다. 이때 기존의 음식으로 요리를 해서 새로운 음식을 만들어내는 과정을 기존의 수들로 연산을 해서(더하거나 곱해서) 새로운 수가 만들어지는 것에 비유할 수 있다.

함수 f는 X와 Y의 각 원소들을 대응시키는 일대일대응이다. 예를 들어 f(김치)=버터의 의미는 X의 김치는 Y의 버터에 대응(해당)한다는 의미가 된다. 두 세계에서의 연산이 각각 버무리기(더하기(+)에 비유)와 비비기(곱하기(×)에 비유)의 두 가지밖에 없다고 가정한다. 즉 X는 한식 재료들과 그 재료들을 버무리거나(+) 비벼서(×) 만든 요리들로 구성된 세계이고, Y는 양식 재료들과 그 재료들을 버무리거나(+) 비벼서(×) 만든 요리들로 구성된 세계다. 이제 다음 질문에 답해보자.

X의 김치는 Y의 버터에 대응되고 X의 밥은 Y의 빵에 대응된다. 만약 두 세계 X, Y의 연산구조(음식 만드는 원리)가 동일하다면 X의 '김치버무린밥(김치+밥)'과 '김치비빔밥(김치×밥)'은 각각 Y의 무엇에 대응될까?

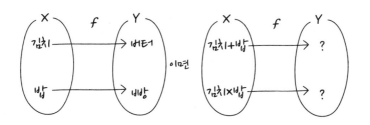

김치가 버터에, 밥은 빵에 대응하므로 두 음식 사회의 연산구조가 동일하다면 김치와 밥을 버무린(+) 음식은 버터와 빵을 버무린(+) 음식에 대응해야 할 것이다. 같은 이유로 김치와 밥을 비빈(×) 음식은 버터와 빵을 비빈(×) 음식에 대응할 것이다. 함수 기호를 사용하여 표현한다면 다음과 같다.

f(김치)＝버터이고 f(밥)＝빵이므로 두 세계의 연산구조(음식 만드는 원리)가 동일하다면

f(김치+밥)=버터+빵=f(김치)+f(밥),

f(김치×밥)=버터×빵=f(김치)×f(밥)이 성립한다.

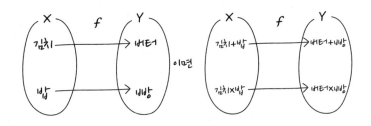

이상의 논리는 김치와 밥이 아닌 다른 모든 음식에도 동일하게 적용될 것이다. 이러한 추상적 관계는 음식의 세계를 넘어서 수를 다루는 세계에서도 그래도 적용된다. 이를 기호로 다음과 같이 추상화할 수 있다.

$f(x_i)=y_i$이고 $f(x_j)=y_j$인 상태에서 두 세계 X와 Y의 연산구조(계산 원리)가 동일하다는 말은 $f(x_i+x_j)=y_i+y_j=f(x_i)+f(x_j)$와 $f(x_ix_j)=y_iy_j=f(x_i)f(x_j)$가 성립한다는 말과 같다.

정리하면 사칙연산(사실은 합과 곱의 두 연산)이 가능한 두 집합 X와 Y가 있을 때, 이 둘을 연결시키는 일대일대응 f가 존재하며 두 가지 성질 $f(x_i+x_j)=f(x_i)+f(x_j), f(x_ix_j)=f(x_i)f(x_j)$를 만족할 때, 겉으로 보기에 아무리 달라보여도 두 집합 X와 Y는 같은 연산구조 즉 같은 계산 원리를 가진다고 말할 수 있다. 같은 계산 원리를 가진다는 것은 곧 수학적으로 동일한 세계라는 의미가 된다. 함수 즉 대응의 개념을 이용해서 서로 달라 보이는 세계의 수학적 구조의 동일성 여부를 판별할 수 있는 것이다. 구조의 동일성을 수학에서는 동형(isomorphic)이라고 부른다.[2]

푸앵카레는 수학의 본질을 '다른 대상에 같은 이름을 붙이는 기술'이라고 했다. 원래적 의미는 추상화에 대한 강조의 맥락이지만 이 경우에도 적용될 수 있는 말이라 생각한다.

•••••

2   이러한 동형이라는 함수적 발상을 방정식의 근 구하기에 적용해서 만들어진 세계가 추상대수학(abstract algebra)이라는 체계다. 19세기에 프랑스의 수학자 갈루아(E. Galois)에 의하여 발전했다.

20세기 프랑스의 인류학자 레비스트로스[C. Lévi-Strauss]는 인간의 사회와 문화를 이해하는 방법으로써 사회관계를 살펴보는 구조적 시각을 적용하여 발전시킨 학자다. 그는 사회관계 중 특히 친족 제도를 분석하는 과정에서 수학의 함수 개념을 적용함으로써 집단의 친족 구조를 동형 관계로 분류했다. 인간 사회의 제도 연구에 현대 수학의 함수 이론을 적용함으로써 겉으로 보기에 다른 문화를 가진 두 집단이 동일한 친족 관계 구조를 가진 사회임을 증명한 것이다. 레비스트로스의 연구는 수학의 이론적 엄밀함이 뒷받침되어 있었기 때문에 그저 호기심을 일으키는 재미있는 주장으로 끝나지 않고 구조주의와 그에 바탕한 문화상대주의라는 풍요로운 결실을 이끌어내고 선도하였다.

사칙연산만 하면 수학을 배울 필요가 없다는 부끄러운 말은 더 이상 하지 말자. 사태를 구조적으로 바라보고 이해하는 추상적 사고력을 키우는 것이 수학 학습의 궁극적 목적이며 문제해결의 근본이다. 그리고 그것은 보다시피 수학 문제해결에 머무르지 않는다. 아니 머무를 수 없다.

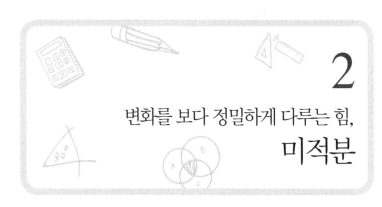

2

변화를 보다 정밀하게 다루는 힘,
미적분

내일 지구가 멸망해도 오늘 사과나무를 심겠다고 말한, 17세기의 철학자 스피노자는 창조주인 신과 피조물을 이원화시키지 않고 모든 현상 속에 신이 존재한다는, 범신론(pantheism)이라는 새로운 신관을 제시하였다. 신이 정말로 전지전능한 무한자라면 이 세계와 이원화될 수 없으며(이원화된다면 이 세계와 구분되어 신 스스로가 한계 지어지는 것이므로) 따라서 자연 그 자체여야 한다는 것이다. 스피노자의 이러한 자연신론(신=자연)은 근대 초기로부터 시작된, 자연 속에 존재하는 이성적 질서에 대한 철저한 믿음에 기초한 것이었으며 자연의 이해에 있어서의 수학이라는 언어의 중요성을 강조한 갈릴레오의 선언을 보다 극적으로 표현한 것이었다. 17세기에 와서 신의 진화가 일어난 것이다. 이러한 합리성과 필연성의 철학을 궁극까지 밀고 들어감으로써 미적분이라는 새로운 개념을 정립한 사람이 뉴턴과 라이프니츠$^{G.\ Leibniz}$였다.[3] 미적분은 변화의 패턴을 찾아서 구성해낸 함수를 보다 정밀하게 다룸으로써 미세한 레벨에서 신(=자연법칙)의 의도를 파악하고 이를 통해 변화의 양상을 인간이 원하는 방향으로 설계하는 데까지 나아가는 징검다리로서의 역할을 하게 된다. 미적분은 함수의 발전이며, 세계의 변화가 연속적이고 필연적인 수학적 규칙 속에서 이루어지고 있다는 세계관의 극한에서 탄생한 개념이었다.

• • • •
3   미적분학의 창시자는 뉴턴과 라이프니츠 두 명이다. 뉴턴은 과학적 입장에서 접근했으며 라이프니츠는 보다 철학적 입장에서 접근했다. 두 사람의 결론은 동일했으며 시대정신도 일치했다고 볼 수 있다(뉴턴이 네 살 위다). 뉴턴은 미적분학 이론의 지적우선권을 놓고 라이프니츠와 대립했지만 그 또한 라이프니츠의 낙관주의적 합리론의 시대정신을 충실히 구현했다고 볼 수 있다. 라이프니츠는 함수라는 용어를 처음 사용한 사람이기도 하다.

| 1 |

속도 구하기로부터 시작된
미분

변화를 보다 정교하게 이해하는 첫 관문은 변화의 정도, 즉 속도
(velocity)를 계산하는 것에서 시작되었다. 이 속도 개념을 추상화하
여 미분(순간변화율)의 개념에 도달한 것이다.

시간(t)의 변화에 따라 위치(s)가 변하는 함수 $s=f(t)$를 생각하자.
이때 위치가 얼마나 빨리 변하는지의 정도, 즉 속도는 '단위시간당
위치의 변화량'으로 정의될 수 있다. 예를 들어 3초 동안 6m를 이
동했다면 1초당 움직인 거리를 의미하는 속도는 $\frac{6}{3}=2$(m/초)가 된
다. 즉 '단위시간당 위치의 변화량'이라는 정의로부터 속도는 다음
과 같이 나타낼 수 있다.

$$속도 = \frac{이동거리}{경과시간} = \frac{\Delta s}{\Delta t}$$

함수는 다양하다. 시간(x)에 따른 가격(y)의 변화, 위치(x)에 따른
에너지(y)의 변화, 온도(x)에 따른 부피(y)의 변화 등 모든 변화 현
상에서 함수 $y=f(x)$를 생각할 수 있으며, 따라서 $\frac{y의 변화량}{x의 변화량} = \frac{\Delta y}{\Delta x}$를 생

각할 수 있다. 이때 $\frac{\triangle y}{\triangle x}$를 변화율이라고 부른다. 만약 $x=$ 시간, $y=$ 가격이라면 변화율 $\frac{\triangle y}{\triangle x}$는 시간에 따른 가격의 변화 정도를 의미할 것이다. 즉 변화율은 속도가 일반화된 개념이다. 변화율의 의미를 시각적으로 이해해보자.

함수 $f(x)$에서 x가 x_1에서 x_2까지 변할 때의 변화율을 그래프로 다음과 같이 나타낼 수 있다.

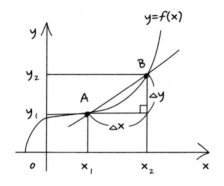

그림을 통해 변화율 $\frac{y_2-y_1}{x_2-x_1}=\frac{\triangle y}{\triangle x}$의 기하학적 의미는 함수 $y=f(x)$ 상의 두 점 $A(x_1, y_1)$와 $B(x_2, y_2)$를 연결하는 직선 $\overline{AB}$의 기울기 (slope)가 됨을 알 수 있다. 다음 문제를 보자.

한 변의 길이가 xm인 정육면체 모양 상자의 부피를 ym³라고 하자. 이때 함수 y=x³을 생각할 수 있다. 함수 y=x³에서 한 변의 길이 x가 3m에서 5m로 변화되었을 때의 부피 y의 변화율을 계산해보자.

한 변의 길이 x인 정육면체의 부피는 x^3이므로 구하고자 하는 함수는 $y = x^3$이다. 따라서 변화율의 공식에 적용하면 $\dfrac{\Delta y}{\Delta x} = \dfrac{5^3 - 3^3}{5 - 3}$ $= 49$로 계산된다. 즉 상자의 한 변의 길이가 3에서 5만큼 변했을 때, 상자 부피의 변화 정도는 49만큼이다.

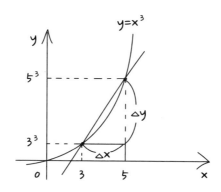

|2|
순간변화율로
변화의 전체 양상을 이해하다

변화율을 정의하고 계산 공식까지 구성해보았으며 실제 상황에 대입하여 그 수치까지 구해보았다. 하지만 이렇게 구한 변화율은 한계가 있다.

정육면체 상자의 한 변의 길이가 3, 4, 5로 분절적으로 바뀌지 않고 3과 4 사이, 4와 5 사이의 모든 수를 취하며 변화한다면, 즉 연속적으로 변화한다면 상자의 부피 또한 분절적이지 않고 연속적으로 매 순간 달라진다. 따라서 기존의 변화율 공식 $\frac{\triangle y}{\triangle x}$로는 큰 간격의 거시적인 변화의 속도를 알 수 있을 뿐 극히 짧은 x의 변화 간격, 즉 매 순간 일어나는 모든 변화의 상황을 담지 못한다(가령 기차를 타고 400km를 4시간에 갔을 때 속도 $\frac{400}{4}$=100km/시라는 수치는 기차의 속도에 대한 평균적인 수치일 뿐이다. 기차가 매 순간 100km/시의 속도로 달리지는 않는다).

만약 모든 x가 x 되는 바로 그 '순간'의 변화율 $\frac{\triangle y}{\triangle x}$를 계산할 수 있다면 매 순간 벌어지는 y의 변화 정도를 '모두' 알 수 있을 것이다. 따라서 이것이야말로 진정한 의미에서의 변화율이라 할 수 있다. 이것을 순간변화율이라고 부른다.

변화율＝순간변화율

순간변화율을 계산하려면 '순간'을 수학적으로 표현할 수 있어야 한다. 문제는 '지극히 짧은'이라는 명확하지 못한 언어를 계산할 수 있는 수학적 도구였다. 이것이 고대에 잠깐 나타났다가 사라졌던 극한(limit) 개념의 재등장 배경이다.

x의 변화량을 $\triangle x$라고 할 때, 변화 전인 x와 변화 후인 $x+\triangle x$의 차이가 거의 같아지는 상태로 만들려면 $\triangle x$를 0으로 무한히 다가가게 하면 된다($\triangle x \to 0$). 이러한 상황이 바로 x가 x 되는 순간이라고 말할 수 있다. 이러한 '무한히 다가감'이라는 설정에 근거해서 함수 $f(x)$에서 x가 x 되는 바로 그 순간($\lim\limits_{\triangle x \to 0}$)의 y값의 변화 정도를 나타내는 변화율($\frac{\triangle y}{\triangle x}$)을 기호로 다음과 같이 나타낼 수 있다.

$$\text{순간변화율} = \lim_{\triangle x \to 0} \frac{\triangle y}{\triangle x}$$

한 변의 길이가 xm인 정육면체 모양 상자의 부피를 ym³이라고 할 때, 함수 y=x³의 x에서의 순간변화율을 계산해보자.

x가 $\triangle x$ 만큼 변할 때, $x_1 = x$, $x_2 = x + \triangle x$ 이므로 $y_1 = f(x_1) = x^3$, $y_2 = f(x_2) = f(x+\triangle x) = (x+\triangle x)^3$이 된다. 따라서 순간변화율 $\lim\limits_{\triangle x \to 0} \frac{\triangle y}{\triangle x} = \lim\limits_{\triangle x \to 0} \frac{(x+\triangle x)^3 - x^3}{\triangle x} = \lim\limits_{\triangle x \to 0} \frac{3x^2 \triangle x + 3x(\triangle x)^2 + (\triangle x)^3}{\triangle x} = \lim\limits_{\triangle x \to 0} (3x^2 + 3x\triangle x + \triangle x^2) = 3x^2$이다.[4] 즉 한 변의 길이가 x가 되는 바로 그 순간, 상자의 부피는 $3x^2$만

• • • •
4    $(a+b)^3 = a^3 + 3a^2b + 3ab^2 + b^3$을 사용했다.

큼의 속도로 커지는 중인 것이다. 이 결과는 임의의 길이에 대한 부피의 변화 정도를 말해주기 때문에 길이 변화에 따른 부피 변화 정도에 대한 모든 정보를 담고 있다. 예를 들어 상자의 한 변의 길이가 2가 되는 순간의 부피의 변화 정도는 $3 \times 2^2 = 12$이다.

함수 $y = f(x)$가 주어졌을 때, 순간변화율을 구하는 것을 '미분(differentiation)한다'라고 부르며 $\lim\limits_{\triangle x \to 0} \frac{\triangle y}{\triangle x}$를 간단히 $f'(x)$로 표기한다.

$$\lim_{\triangle x \to 0} \frac{\triangle y}{\triangle x} = f'(x)$$

이러한 순간변화율 $f'(x)$는 그림에서 보는 것과 같이 함수 $y = f(x)$ 상의 점 $(x, f(x))$에서의 '접선의 기울기'라는 기하학적 의미를 지닌다.

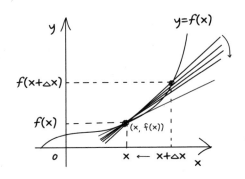

$\lim\limits_{\triangle x \to 0} \frac{\triangle y}{\triangle x}$ = 점$(x, f(x))$에서의 접선의 기울기

순간변화율 $f'(x)$에서 특히 중요한 것은 $f'(x)=0$이 되는 지점이다. 변화율(속도)이 0인 지점은 변화를 멈춘 순간이다. 언덕 꼭대기에 올라간 자동차가 내려가기 직전에 멈추듯이 순간변화율이 0인 순간(접선의 기울기=0인 순간)을 기점으로 $f(x)$의 변화의 양상이 크게 바뀔 수 있기 때문이다.

주사를 맞으면 혈액 속에 들어간 주사약의 농도는 시간에 따라 변하게 된다. 이때 주사약이 투여되고 난 뒤 흐른 시간 x와 혈액 속 주사약의 농도 y 사이의 성립하는 함수 y=f(x)를 생각할 수 있다.

실제로 함수 $y=f(x)$의 그래프는 다음과 같다.

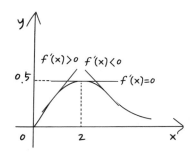

그래프에서의 접선의 기울기(= 순간변화율) $f'(x)=0$인 지점($x=2$

(초))을 기준으로 농도량이 증가(접선의 기울기 $f(x)>0$)에서 감소(접선의 기울기 $f(x)<0$)로 변화 양상이 바뀌어간다. 순간변화율(즉 순간속도)이 0이 되는 지점은 함수의 변화 양상에 있어서 중요한 지점이라 말할 수 있다.

함수의 종류에 따라서 변화 양상은 $f'(x)=0$인 점 주변에서 다양하게 나타날 수 있다.

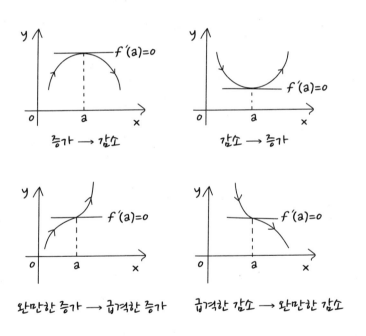

함수 $y=f(x)$의 그래프 위의 점$(x, f(x))$에서의 접선의 기울기라는

$f(x)$의 기하학적 의미는 이렇게 풍요로운 결과로 우리를 안내한다.

요컨대 현상으로부터 발견된 함수 $y=f(x)$의 순간변화율 $f'(x)=0$이 성립하는 x값을 계산해서 찾고, 그 값의 주변에서 $f'(x)$의 부호 변화를 알아냄으로써 x의 변화에 따른 y의 전체 변화 양상을 상세하게 알 수 있는 것이다. 이것이 미분을 하는(함수의 순간변화율을 구하는) 가장 중요한 목적 중 하나라고 말할 수 있다.

이상과 같이 함수의 개념을 세움으로써 x와 y 사이에 성립하는 규칙이라는 틀을 만들어내었으며, 미분의 개념을 세움으로써 x의 변화에 따른 y의 전체 변화 양상(굴곡: 증감)을 상세히 알아내고 그로써 함수(변화의 규칙)를 보다 정밀히 이해, 예측할 수 있다.

| 3 |
위치 구하기로부터 시작된
적분

미분이 17세기에 들어와서 변화하는 현상을 이해하는 과정에서 발생한 신생 개념인 반면, 적분은 고대 그리스, 중국 등지에서 이미 사용되었던 개념이다. 앞선 기하 부분에서 소개한, 극한을 이용하여 원의 넓이를 구하는 과정은 적분의 대표적인 사례다. 곡선으로 둘러싸인 도형의 넓이나 부피 등을 구하는 과정에서 발생한 소박한 차원의 적분 개념이 근대에 들어와서 미분과 연결되면서 미적분이라는 통합 개념으로 발전한 것이다.

앞서 말했듯이 근대의 자연과학은 자연에 대한 관조로부터 벗어나 운동을 적극적으로 이해하고 극복하려는 노력에서 시작되었다. 이는 서양의 중세를 거치면서 이루어진 자연 세계에 대한 인간의 우위라는 기독교적 세계관이 근대에 들어와서 자연 속에 내재하는 신의 질서를 수학이라는 언어로 재해석해낸 결과다. 케플러 Kepler는 행성 운행을 연구하면서 타원궤도운동을 발견하였으며, 비슷한 시기에 갈릴레오는 물체의 낙하운동을 연구하면서 포물선운동을 발견하였다. 뉴턴은 이러한 선배 학자들이 발견한 하늘과 땅에서의 두 가지 운동을 통일적으로 설명하는 과정에서 만유인력의 법칙(law of universal gravitation)을 제시하였다. 만유인력의 기초에서 행성 운행을 이해하고 그 위치를 찾는 과정에서 뉴턴은 적분이라는 아이디어를 생각해낸 것이다.

날아가는 대포알도, 하늘을 운행하는 행성도 시간의 흐름을 타고 위치를 계속 바꾼다. 일정한 시간이 흘렀을 때, 물체들의 위치를 예측해내는 것은 실제적인 의미가 있었다. 적분은 이렇게 움직이는 물체의 위치 구하기에서 출발했다. 애초에 적분은 미분과 연결해 생각되지 않았다. 목적이 달랐기 때문이다.

가장 간단한 운동은 속도가 일정한 등속운동이라고 말할 수 있다. 이 경우 물체의 위치를 예측하는 것은 어렵지 않다. 편의상 시간(t)이 가로축, 속도(v)가 세로축인 그래프를 그려서 시각적으로 이해해보자.

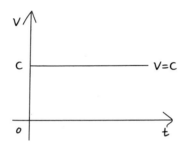

물체가 등속운동을 하는 경우, 시간이 0에서 t까지 흘렀을 때 물체의 위치를 구해보고 그 기하학적 의미를 생각해보자.

등속운동의 경우 속도가 상수이므로 $v=\frac{s}{t}=c$(상수)이다. 이 경우에 위치 $s=ct$가 되며 그림에서 직사각형의 넓이에 해당한다. 따라서 등속운동 $v=c$(상수)의 경우, '위치'에 '직사각형의 넓이'라는 기하학적 의미가 부여된다.

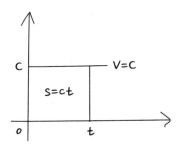

이제 물체의 속도가 일정하지 않고 매 순간 변화할 때 그 위치를 어떻게 구할 것인가에 대한 일반적 해답이 필요했다.

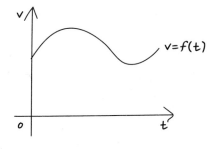

매 순간 속도가 변할 때, 물체의 위치를 구하는 방법을 생각하던 학자들은 극한을 이용한 고대의 방법을 사용하여 그림처럼 직사 각형을 함수의 내부에 집어넣었다. 직사각형의 개수가 많아질수록 그 넓이의 합이 곡선으로 둘러싸인 넓이로 다가간다. 만약 그 개수 를 무한히 많게 하면(밑변을 무한히 세분하면) 직사각형의 넓이의 합과 곡선 아래쪽의 넓이가 일치하게 된다.

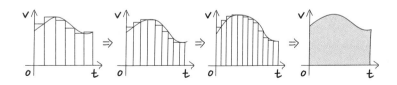

이것을 식으로 구해보자. 가장 왼쪽 직사각형의 밑변 Δt는 0으로 수렴하는 극히 작은 값이므로 이 구간에서 속도(높이)는 거의 등속(즉 일정)이라고 간주할 수 있다(시간 차이가 '거의' 없기 때문). 따라서 이 짧은 시간 동안 물체의 위치는 등속운동의 경우와 같이 '직사각형의 넓이($f(t_1)\Delta t$)'만큼 변했다. 여기서 다시 시간이 Δt만큼 흐르고 물체의 위치는 직사각형의 넓이($f(t_2)\Delta t$)만큼 더 이동한다. 이런 식으로 일정한 시간이 흐르면 물체의 최종 위치는 이동거리들의 합, 즉 직사각형들의 넓이의 합 $f(t_1)\Delta t + f(t_2)\Delta t + \cdots = \{f(t_1) + f(t_2) + \cdots\}\Delta t$로 표현된다. 이 값은 곡선 아래쪽의 넓이로 수렴하므로 곡선 아래쪽의 넓이=물체의 최종 위치가 된다. 등속운동이건 속도가 변하는 운동이건 물체의 최종 위치는 곡선 아래쪽의 넓이임이 이렇게 증명된다.

무한히 많은 직사각형의 넓이의 합 $\{f(t_1) + f(t_2) + \cdots\}\Delta t$를 간단

히 $\int_a^b f(t)dt$로 나타내기로 약속한다. 이 값을 구하는 것을 적분 (integration)한다고 부른다.

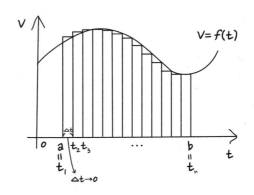

$$직사각형 \ 넓이의 \ 무한합 = \{f(t_1)+f(t_2)+\cdots\}\triangle t = \int_a^b f(t)dt$$

위치를 구하는 문제는 이렇게 함수 $v=f(t)$ 아래쪽의 넓이를 구하는 문제로 바뀌었다. 문제는 이 값을 어떻게 구하느냐. 이 문제를 해결할 수 있다면 곡선으로 둘러싸인 일반적인 모든 도형의 넓이를 구할 수 있는 길이 열린다. 바로 이 지점에서 적분이 미분과 연결되었다.

| 4 |

미분을 거꾸로 계산함으로써
변화의 총량을 구하다

    미분에서 살펴본 바에 의하면 움직이는 모든 물체의 속도와 위치의 관계는 다음과 같다.

위치의 미분＝속도

    이 사실을 넓이 구하기(적분)와 연결하면 다음 결론에 도달한다.

    적분은 속도 함수 v=f(t)에서 물체의 위치를 찾는 문제였으며 이는 곧 곡선의 아래쪽 넓이를 구하는 문제였다(①위치=넓이). 그런데 위치의 미분이 속도이다(②위치의 미분=속도). 따라서 ①, ②로부터 '넓이의 미분=속도'라는 결론이 나온다. 즉 미분해서 속도($f(t)$)가 되는 함수를 찾음으로써 넓이(=위치) 구하기, 즉 적분이 해결된다. 요컨대 적분은 순간변화율(미분한 결과)이 $f(t)$인 함수 찾기, 즉 미분을 거슬러가는 과정이다.

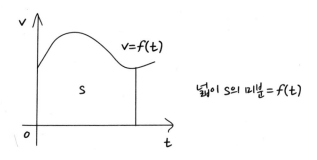

넓이 S의 미분 $= f(t)$

물리학에서는 물체를 들고(힘을 써서) 움직일 때, 일이라는 물리량을 정의한다.

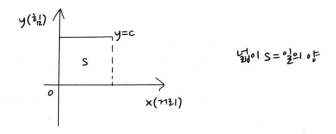

넓이 S = 일의 양

우선 움직이는 과정에서 일정한 힘을 사용했을 때 '일=힘×거리'로 정의된다. 하지만 힘(y)이 움직이면서 순간순간 변한다고 해도 극한적 사고방식을 적용하면 그림처럼 '일=넓이'로 나타날 것이다.

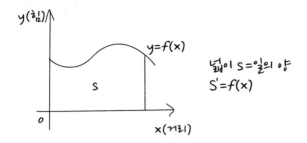

넓이 S = 일의 양
$S' = f(x)$

해당 시간 동안 사용한 전력의 총량을 의미하는 전기에너지는 매 시간 사용된 전력량이 일정할 때, '전기에너지 = 전력량 × 시간'으로 정의된다.

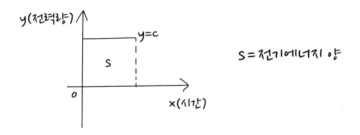

S = 전기에너지 양

하지만 전력량(y)이 순간순간 달라진다고 해도 마찬가지 이유로 그림의 넓이로 나타난다.

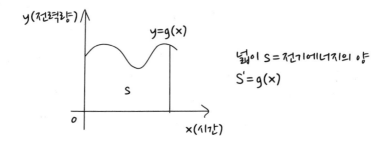

이러한 결론은 '두 수의 곱으로 정의될 수 있는 모든 수학적 대상은 넓이라는 기하학적 양'이라는 생각으로 추상화될 수 있다.

움직이는 물체의 위치를 계산하는 문제에서 출발한 적분은 많은 수학적 대상을 함수 $y=f(x)$로 둘러싸인 넓이라는 기하학적 양으로 변환시켰으며, 그러한 기하학적 양이 미분의 역연산(순간변화율이 $f(x)$인 함수 찾기)을 통해 구해낼 수 있음을 밝힌 것이다. 이것이 적분의 스토리다.

변화의 정도를 구해내는 미분과 변화의 총량을 구해내는 적분은 이렇게 연결되어 서로가 서로를 보완해주고 있었기 때문에 미적분학(calculus[5])이라는 단일한 용어로 불리게 되었다.

• • • •

5   calculus라는 단어는 수를 세는 도구였던 조약돌을 그 어원으로 하고 있다. 구체적인 대상을 세는 행위와 미적분이라는 추상적 계산을 하는 행위가 그 본질에 있어서 연결되어 있다. 즉 동일하다는 깊은 의미를 담고 있다.

모든 것은 변화한다. 인간의 마음까지도 머물러 있지 않고 움직인다. 속도를 계산하는 소박한 문제에서 출발한 미분은 속도를 일반화한 변화율이라는 추상개념에 도달했으며 위치를 계산하는 문제에서 출발한 적분은 두 가지 양의 곱으로 나타나는 양을 모두 넓이로 해석해낼 수 있다는 일반적인 결론에 도달하였다. 그리고 미분과 적분의 상호 관련성(미분을 거꾸로 하면 적분)으로부터 미분을 할 수 있다면 자연과 인간 사회의 변화를 모두 계산해낼 수 있다는 자신감이 자연스럽게 이어졌다. 실제로 미적분 이론의 한 영역인 미분방정식(differential equation)을 이용하면 국소적인 변화 현상을 관찰하여 얻은 결과를 가지고 일반적인 함수 자체(변화의 규칙)를 구해내는 것이 가능해진다. 예를 들어 방사성 붕괴 현상과 도시의 인구 변화를 설명하는 함수가 동일한 미분 방정식으로부터 구해진다는 사실은 수학이 가진 추상이라는 힘의 크기를 잘 보여준다.

함수 개념의 확립과 미적분 이론의 정립은 시시각각 변화하는 자연현상의 이면을 수학적으로 분석하고 이해하기 위한 새로운 수단의 개발이었으며 17세기 이후 수학의 가장 중요한 업적이라고 말할 수 있다. 함수와 미적분의 개념을 통해서 이전에 천문 계산과 땅 넓이와 부피 계산, 정신 훈련 등에 주로 사용되던 수학이 자연과 사회(인간을 둘러싼 환경)에 대한 포괄적 이해에 본격적으로 사용되기 시작했으며 그 결과를 이용하는 데까지 나아갈 수 있었다.

자연철학(natural philosophy)에서 자연과학(natural science)으로의
전환은 미적분에서 시작되었다. 현대인들이 가지고 있는 과학으로
서의 수학의 이미지는 미적분 이후에 만들어진 것이다.

| 수학은 학문의 원형이다

지금까지 논리(연역추론과 개연추론), 도형(기하학)과 수(대수학)라는 수학의 세 요소와 그로부터 발전되어 나온, 변화를 이해하는 수단, 구조를 이해하는 수단으로서의 함수, 변화율과 변화의 총량에 대한 이해인 미적분까지 수학의 여러 모습과 발전 과정을 살펴보았다.

그것은 실제적인 문제를 해결하는 과정에서 발생한 도형과 수라는 언어로 구성된 개념들이 여러 가지 문제 상황을 거치면서 새롭게 개념화되고 그를 통해서 여타 영역에 영향을 주고 새로운 사고를 불러일으키며 확장되는 과정이었다.

수학은 자연과학이 아니며 인문과학도 아니다. 그것은 인간 사고의 다양한 가능성을 포괄하고 길러주는, 사고방식(철학)으로서의 학문의 전형을 보여줌과 동시에 외부 환경을 분석하고 이론화해서 실제적인 문제를 해결하는 과학의 전형이기도 하다. 수학을 공부함으로써 우리는 내적인 사고 역량을 높일 수 있으며 동시에 외적인 문제해결 역량 또한 높일 수 있다. 결국 사고방식과 문제해결은 둘이 아닌 하나이며 수학은 학문의 원형이다.[1] 이것이 우리가 수학을 공부해야 하는 이유다.

사유의 종착점, 자유

수학은 구체에서 출발해 추상에 도달한다. 예를 들면 2×3이 3×2와 같다는 사실에서 $a \times b = b \times a$에 도달하는 것과 같다. 하지만 추상화가 수학의 궁극적인 목표는 아니다. 추상은 다시 구체로 내려가기 위한 중간 단계이기 때문이다. 이론화의 목적은 이론화 자체가 아니다. 구체적인 상황과 결부되어 응용되지 못하는 이론은 의미가 없으며 제대로 추상된 이론도 아니다. 추상은 다시 구체에 접목된다는 전제하에서만 존재 의미가 있다.

• • • •
1   수학의 그리스어 어원은 '학문(mathesis)'이다.

구체는 느낌(feeling)이고 추상은 구조(structure)다. 느낌에서 시작해서 구조로 발전하면서 느낌의 정체가 분명해지며 보편성을 가진다. 이 과정은 인간 정신의 성장 과정이기도 하다. 이렇게 보편성을 가지게 된 느낌을 우리는 이성이라고 부른다. 구체성을 충분히 거쳐 이성화된 정감, 즉 이론은 구체적인 문제가 발생했을 때, 전후좌우를 살피며 적절한 해결을 할 수 있게 해준다. 이 지점에서 수학은 도덕 교육과 연결된다.

사람을 칼로 찌르면 안 되는 근원적인 이유는 도덕적 명령 때문이 아니라 찌르면 아플 것 같은 느낌 때문이다. 이성 이전의 느낌이 차마 타인을 찌르지 못하게 만드는 것이다. 이러한 근원적 감성이 도덕적 이성으로 발전하게 되는 것이며 이것이 인간의 윤리성 확보 과정이다.

추상이 구체적인 느낌의 세계를 반드시 거쳐야 함에도 불구하고 우리 사회는 오로지 마지막 페이지에 빨리 도달하기 위한 목적에서 아무런 구체적 이미지도 확보하지 못한 채, 추상적 지식을 아이들에게 강요하고 있다. 이것이 선행 학습[2]의 실체다. 이것은 도덕, 수학, 언어, 과학 등 모든 영역에서 벌어지는 현상이다. 구체성이

• • • •

2   이 용어는 잘못된 것이다. 즉 정의에 부합되지 않는다. 원조 교제가 청소년 성매매로 바뀐 것처럼, 선행 학습 또한 반칙 학습 또는 억압 학습 정도로 불려야 한다.

결여된 추상은 지식을 차분히 소화하고 되돌아보며 이론화할 여유 없이 살아왔던 우리 사회의 자화상이며 그 결과는 왜곡된 추상이 아무런 구체적 느낌에 대한 고려 없이 사회를 난도질하는 모습으로 드러난다. 타인의 감성에 대한 공감이 부족하고, 법원의 판결이 일상을 사는 사람들의 느낌의 세계와 이처럼 괴리되어 있는 것도, 판사를 포함한 인간 개개인의 문제라기보다는 사람을 길러내는 우리 사회 교육 시스템의 문제에 그 뿌리가 있다.

구체를 통해 달성된 추상은 개념의 세계다. 개념의 세계는 구체적 현실이라는 구속으로부터 '떨어져 나와' 그것을 관조할 수 있게 된 세계이며 따라서 내적 자유가 가능해진 세계다. 요컨대 인간의 내적 자유는 개념 형성을 숙달하게 되었을 때 비로소 가능해진다.[3] 자유는 추상화라는 여정의 종착점이다. 이 종착점의 건너편에는 새로운 세계가 기다리고 있다. 일관되면서도 자유로운 개념 조작이 전혀 다른 세계를 하나로 연결해주는 것이다. 동형함수(isomorphism)의 개념을 사회집단에 적용하여 문화상대론적 시각을 도출한 레비스트로스의 연구는 대표적인 사례.

이런 전체적 맥락에서 우리는 19세기 독일의 수학자 바이에르

••••
3   《관계의 교육학, 비고츠키》(진보교육연구소 비고츠키교육학실천연구모임, 살림터, 2015)의 198쪽.

슈트라스^{K. Weierstrass}의 '시인이 될 수 없다면 수학자가 될 수 없다'는 경구의 의미를 이해할 수 있다. 결국 수학은 구체(느낌)와 추상(구조)의 통합이며, 내외의 통합이자 논리와 자유의 통합이다.

구체로부터 시작되어 추상으로 꽃핀 자유로운 개념적 사고는 독립적 인격 형성으로 이어진다. 개념적 사고야말로 온전히 스스로의 힘으로 구성해내는 자신만의 상상의 세계임과 동시에 타인을 설득할 수 있는 객관적 논리의 세계이기 때문이다. 개념적 사고를 할 수 있는 인간만이 스스로 서고[可立] 더불어 살 수 있다[可和]. 이것이 페스탈로치, 피아제, 브루너 등의 교육학자, 심리학자 들이 수학교육을 모델로 자신의 이론을 세운 이유다.

개념적 사고력은 결코 자연스럽게 달성할 수 있는 능력이 아니며 학교에서 교사들과의 상호작용을 통해 의식적으로 훈련되어야만 습득될 수 있다. 10대에 학교교육을 통해서 이 부분이 형성되지 못하면 나이 들어서도 추상적인 개념을 통해 사태를 바라보거나 분석할 수 없고 따라서 문제 상황에 대한 근시안적 생각과 논리적 모순으로 인지능력이 결여된 즉물적인 대응을 하게 된다. 요컨대 개념적 사고의 부재는 무질서하고 혼란스러운 삶으로 이어질 수밖에 없다. 이는 개인의 문제가 아니라 사회 전체의 문제다.

| 힐링에서 성숙으로: 어른들이여, 수학을 공부하자

형사사건에서 경찰이 어떤 사람을 체포했다고 하자. 제대로 된 경찰이라면 자신이 체포한 사람이 법정에 가서 판결을 받는 그 순간까지 마음속에서 그가 진범이 맞는지, 한 오라기의 의심도 없는지 여러 각도에서 스스로에게 계속 질문을 던질 것이다.

논리적 사고의 가장 중요한 측면은 문제 상황에서 끊임없이 던지는 질문에 있다. 즉 질문을 던지는 힘의 크기가 바로 사고력의 크기다. 지식이 만들어지는 추상화의 과정도 바로 질문의 과정이다.

16세기에 발견된 삼차방정식의 근의 공식을 통해 $\sqrt{-1}$ 이라는 수가 처음 등장했을 때, 대부분의 사람들은 계산 과정에서 우연히 나타난 병적인 수, 버려야 할 수로 취급했다. 수를 제곱하면 항상 0 이상이 되기 때문에 제곱해서 -1 이 되는 수($(\sqrt{-1})^2 = -1$)는 자기배반적인 수, 즉 존재할 수 없는 수였기 때문이다.

하지만 일군의 사람들은 근의 공식에서 나타난 수 $\sqrt{-1}$ 이 의미 없다면 공식 자체가 문제가 있다는 말이므로 공식은 취하면서 $\sqrt{-1}$ 을 부정하는 이율배반적인 태도를 이해할 수 없었다. 일관된 해석이 필요했다. 결국 봄벨리[R. Bombelli], 드 므와브르[A. de moivre], 베셀[C. Wessel] 등의 집요한 탐구 속에서 $\sqrt{-1}$ 이 가진 진정한 의미가 드러났다.

어떤 수에 -1 을 곱하는 행위는 좌표평면에서 원점을 중심으로

180° 회전하는 결과와 일치한다. 곱하는 행위를 점의 이동(회전이동)으로 설명할 수 있는 것이다.

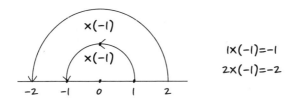

　그렇다면 1에 $\sqrt{-1}$을 곱한 다음, 다시 $\sqrt{-1}$을 곱하는 행위를 함으로써, 즉 $\sqrt{-1}$을 곱하는 동일한 조작을 두 번 반복하면 −1이 되므로 '$\sqrt{-1}$을 곱하는 행위'는 '원점을 중심으로 90° 회전함'의 의미를 부여할 수 있는 것이다.

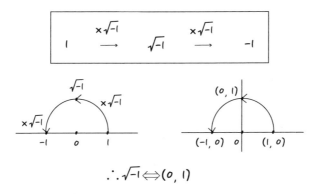

1을 $(1, 0)$에, $\sqrt{-1}$을 $(0, 1)$에 대응시킨 이러한 해석을 통해 좌표평면 상의 모든 점 (a, b)을 하나의 수 $a + b\sqrt{-1}$로 바라볼 수 있는 눈이 열린다.

$$a + b\sqrt{-1} = a \times 1 + b \times \sqrt{-1} = a(1, 0) + b(0, 1) = (a, 0) + (0, b) = (a, b)$$

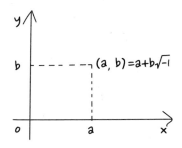

이것을 복소수(complex number)라고 부른다. 복소수가 정의되면서 실수를 복소수라는 보다 큰 개념의 특수한 사례로 볼 수 있는 새로운 눈이 생기게 된다($a = a + 0\sqrt{-1} = (a, 0)$). 사고가 확장된 것이다. 수를 평면상의 점으로 규정하는 복소수는 수로 하여금 이차원 평면 위를 자유롭게 움직일 수 있게 해줌으로써 장(field)의 학문인 전자기학 등의 발전에 크게 기여했다. 복소수의 개념은 상상력과 논리, 그리고 도형과 수가 결합된 대표적 예다. 이것은 이해할 수 있을 때까지 집요하게 던진 질문의 씨앗이 밑바닥에 도달함으로써 피어난 아름다운 꽃이며, 질문을 통해 새로운 개념이 정의되고 그를 통해 기존의 개념이 보다 넓게 확장된(일반화된) 좋은 예다.

끝까지 캐묻고 질문을 던지는 행위는 수학에서만 필요한 게 아니다. 인화(人和)를 위해서, 또는 튀지 않으려고 본질적인 질문을 던지지 않고 대충 얼버무리는 사회는 결코 발전할 수 없다. 스스로 이해되지 않을 때, 질문을 던지고 이해될 때까지 답을 추구하는 태도와 그러한 태도를 존중하는 문화가 없는 한, 그 사회는 죽은 사회이기 때문이다. 끊임없이 던지는 질문의 종착점은 본질이다. 질문의 끈을 느슨하게 하지 않고 계속 캐묻다보면 자연히 가장 밑바닥에 도달하게 된다.

우리 사회에서 언제부턴가 인문학 붐이 불기 시작했다. 인문학은 특히 성인들에게 많이 어필했으며 각종 서적과 강의가 관심 대상이 되어 팔려나가기 시작했다. 그와 동시에 불기 시작한 게 힐링(healing) 붐이다. 생존경쟁에서 잠시 탈피하여 소박하고 일상적인 가치에 주목하고 그러한 관조로부터 얻은 여유를 통해 다시 살아낼 힘을 얻는다는 측면에서 인문학이 가진 힐링적 가치를 전적으로 부정할 수는 없을 것이다. 하지만 필자는 이래도 좋고 저래도 좋은 이야기, 아름답고 따뜻한 이야기로 도배되는 힐링이 특수한 상황에서 도움을 줄지 모르나 인문학의 기본 가치에는 오히려 반한다고 생각한다.

인문학의 핵심은 문제 상황을 바라보는 구조적이고 비판적인 시각을 길러주는 것이며, 이는 수학적 사고와 긴밀히 맞닿아 있다. 내 주변을 바라보고 이해하는 새로운 눈을 갖자는 것이며, 이는 과거의 나와 결별하는 '아픔'을 전제로 한다. 그것은 성숙이다. 자기 좋을 대로의 임의적 해석이 아니라 객관적 분석이며, 보이는 대상에 대한 주관적 애정이 아니라 사고를 통한 개념의 인식과 그를 통한 내적인 자유의 획득이다. 그것은 끊임없는 질문을 통해 본질을 추구하는 태도(attitude)의 필연적 귀결이다.

1+1이 2인 이유를 이해하고 서로 공유하는 것. 그리고 그로부터 100+100으로 힘차게 나갈 수 있는 것. 그것은 아이들이 아니라 어른들의 몫이다. 어른들이여, 모범을 보이자. 내 삶을 풍요롭고 아름답게 만들자. 그러기 위해서 수학을 공부하자.